3D 打印技术应用

主　编　黄　超

副主编　吴　魁　刘舒宇

参　编　李旭红　邱月香　王建恩

　　　　陈宇琦　黄达韶

电子工业出版社·

Publishing House of Electronics Industry

北京·BEIJING

内 容 简 介

本书以 3D One Plus 为建模设计软件，介绍 3D 建模、打印和组装过程。全书共 4 个项目、16 个任务，内容包括认识 3D 打印技术、简单物体的建模和打印、零件的建模和打印、组合件的打印和组装。每个项目按照学习目标、项目描述、项目分析、具体任务和项目评价等步骤展开，相关知识融合在具体的任务之中，强调学、做一体，各任务由简到繁、由易到难，适合 3D 打印技术的初学者阅读学习。本书为读者提供了丰富的学习资源，能帮助读者更好地学习 3D 打印技术的相关知识。

本书可作为职业院校相关专业课程教材，也可作为社会培训及 3D 打印技术爱好者的参考用书。

图书在版编目（CIP）数据

3D 打印技术应用 / 黄超主编. —北京：电子工业出版社，2021.9

ISBN 978-7-121-42089-4

Ⅰ. ①3… Ⅱ. ①黄… Ⅲ. ①快速成型技术－中等专业学校－教材 Ⅳ. ①TB4

中国版本图书馆 CIP 数据核字（2021）第 190658 号

责任编辑：张　凌　　　　特约编辑：田学清
印　　刷：涿州市般润文化传播有限公司
装　　订：涿州市般润文化传播有限公司
出版发行：电子工业出版社
　　　　　北京市海淀区万寿路 173 信箱　邮编 100036
开　　本：787×1092　1/16　　印张：14.75　　字数：377.6 千字
版　　次：2021 年 9 月第 1 版
印　　次：2025 年 2 月第 6 次印刷
定　　价：39.80 元

凡所购买电子工业出版社图书有缺损问题，请向购买书店调换。若书店售缺，请与本社发行部联系，联系及邮购电话：（010）88254888，88258888。

质量投诉请发邮件至 zlts@phei.com.cn，盗版侵权举报请发邮件至 dbqq@phei.com.cn。

本书咨询联系方式：（010）88254583，zling@phei.com.cn。

前　言

3D 打印技术是一种新兴的先进制造技术。近年来，3D 打印技术在我国飞速发展，在很多行业和领域得到应用，3D 打印行业规模持续扩大，从业人员不断增多。3D 打印相关行业、企业对从业人员的要求不断提高，为此很多职业院校都开设了相关的专业和课程。

本书的编写紧贴职业教育教学改革要求，以项目和任务为编写结构，以 3D One Plus 为建模设计软件，从 3D 打印技术的认识、建模、打印、后处理和组装等技能操作入手，深入浅出地编排教学内容，将 3D 打印技术的基本技能和基本知识渗透在每个任务中，符合相关行业、企业的岗位需求，适合现代教育教学要求。本书内容通俗易懂，特别适合职业院校学生和 3D 打印技术爱好者阅读学习。本书具有以下几个鲜明特点：

（1）与项目教学相配套，理论与实践一体，实现"做中学、做中教"的职教教改理念。以项目任务为核心重构理论和实践知识，知识为技能服务，学生通过任务实施逐步积累知识，提升技能。

（2）项目的组织体现层次性，各任务之间难度成阶梯式编排，符合学习规律。从认识打印技术到打印操作、从简单建模到复杂建模、从单一件打印到组合件打印，这种由易到难、由简到繁的内容编排，不仅符合学生的认知规律，还可以增强学生的学习信心和动力。

（3）在每个项目的任务最后都安排了相适应的拓展任务，可以进行学习后的技能训练。全书一共为学生提供了 60 多个拓展任务，其中需要进行打印的任务近 60 个，既为学生提供了丰富的强化训练内容，又为教师提供了丰富的教学素材，减轻了教师的备课负担。

（4）内容编写采用图文并茂、图表结合的方式，配备操作指引，操作性强。每个任务的操作过程都采用作业指导书的形式呈现，每个步骤都配备操作图和简单的文字说明，方便学生阅读和学习。

（5）全书一共提供了 200 多张图、30 多个短视频、16 个教学设计和 16 个学习课件。详细的视频讲解和丰富的学习资源能够引导学生进行快速、高效的学习，使学生更快更好地掌握相关知识和技能。教学设计、学习课件等教学资源可以为教师教学实践提供参考，帮助教师提升课堂教学效果。

建议教学课时安排如下：

项　目	内　容	课 时 数
项目一	认识 3D 打印技术	10
项目二	简单物体的建模和打印	30
项目三	零件的建模和打印	40
项目四	组合件的打印和组装	30
合　计		110

本书由江门市第一职业高级中学黄超担任主编，江门市第一职业高级中学吴魁和广州中望龙腾软件股份有限公司刘舒宇担任副主编。陈宇琦编写项目一的任务 1 和任务 2，黄达韶编写项目一的任务 3，王建恩编写项目二的任务 1、项目三的任务 2 和项目四的任务 1，邱月香编写项目二的任务 2、项目三的任务 3 和项目四的任务 3，吴魁编写项目二的任务 3 和项目三的任务 1，黄超编写项目二的任务 4、项目三的任务 5 和项目四的任务 2，李旭红编写项目二的任务 5 和项目三的任务 4，黄超和吴魁完成全书的统稿。肖弘燊、张潮长两位同学为本书设计了部分拓展任务，冯文浩、朱畅两位同学为本书制作了部分学习资源，部分企业技术人员对本书的编写提出了宝贵意见，在此一并表示感谢。

由于编写时间仓促，编者水平有限，因此书中错漏难免，诚望读者批评指正。

编　者

目　录

项目一

认识 3D 打印技术

学习目标

1. 认识 3D 打印技术，了解 3D 打印过程。
2. 了解 3D 打印技术的应用和优缺点。
3. 认识 3D 打印机及其分类，认识常见的 3D 打印材料。
4. 认识常见的 3D 建模软件，熟悉 3D One Plus 建模软件。
5. 能够通过网络查找所需的 3D 模型文件，使用 3D 打印机打印出实物。

项目描述

通过学习，认识 3D 打印技术，了解 3D 打印过程；了解 3D 打印技术的应用和 3D 打印技术的优缺点；认识 3D 打印机及其分类、常见的 3D 打印材料；认识常见的 3D 建模软件，熟悉 3D One Plus 建模软件；通过网络查找"衣叉"的 3D 模型文件，使用 3D 打印机将实物打印出来。

项目分析

根据项目描述，需要学习 3D 打印技术、3D 打印过程、3D 打印技术的应用、3D 打印技术的优缺点、3D 打印机及其分类、3D 打印材料、3D 建模软件及 3D One Plus 建模软件等一系列基础知识，还需要通过网络查找一个 3D 模型文件并使用 3D 打印机打印一个实物。

任务 1　认识 3D 打印技术

学习目标

1. 认识 3D 打印技术。
2. 认识 3D 打印过程。
3. 知道 3D 打印技术的应用。
4. 知道 3D 打印技术的优缺点。

任务描述

通过学习，认识 3D 打印技术，了解 3D 打印过程，了解 3D 打印技术的应用和 3D 打印技术的优缺点。

任务分析

　　根据任务描述，需要学习 3D 打印技术、3D 打印过程等基本知识，了解什么是 3D 打印技术。通过学习 3D 打印技术在制造业中的应用，了解 3D 打印技术的作用。通过学习 3D 打印技术的优缺点，了解 3D 打印技术的发展和前景。

任务实施

一、3D 打印技术

　　3D 打印技术是一种基于快速成型思想的制造技术，有别于传统的模制、锻造、铸制、数控加工等技术，是一种创新的材料加工制造技术。3D 打印技术以计算机中设计好的数字模型文件为蓝本，在电子设备控制下，运用一些具有热熔冷黏合特性的金属、塑料、陶瓷、橡胶等材料，通过逐层打印、逐层堆叠的方式增量制造。

图 1-1-1　第一台 3D 打印机

　　3D 打印技术出现在 20 世纪 90 年代中期，其利用光固化和纸层叠等技术的快速成型装置进行打印。第一台 3D 打印机是由美国科学家 Charles Hull 在 1983 年发明的，如图 1-1-1 所示。

二、3D 打印过程

　　3D 打印通常是采用 3D 打印机来实现的。整个 3D 打印过程大致可分为以下步骤：首先通过 3D 建模软件进行计算机建模；然后对模型进行分层切分将其转换成 STL 文件，导入 3D 打印机中；接着通过 3D 打印机逐层打印的方式将其堆叠出来；最后进行打印后处理。3D 打印成品因为材料的限制或一些机器本身的特性会有不一样的效果，需要一些后续的处理和加工，不同的模型和不同类型的机器所需要的加工时间都不太一样。3D 打印过程见表 1-1-1。

表 1-1-1　3D 打印过程

步　　骤	图　　示	过　程　说　明
计算机建模	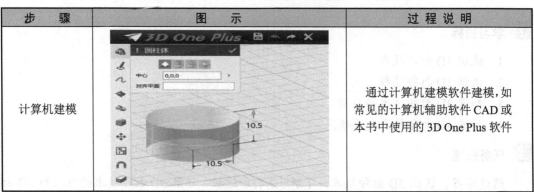	通过计算机建模软件建模，如常见的计算机辅助软件 CAD 或本书中使用的 3D One Plus 软件

续表

步　骤	图　示	过 程 说 明
操作转换成 STL 文件	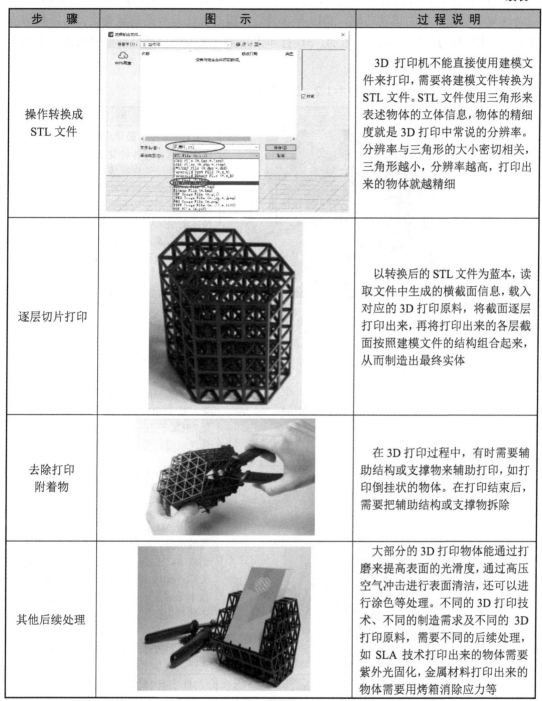	3D 打印机不能直接使用建模文件来打印,需要将建模文件转换为 STL 文件。STL 文件使用三角形来表述物体的立体信息,物体的精细度就是 3D 打印中常说的分辨率。分辨率与三角形的大小密切相关,三角形越小,分辨率越高,打印出来的物体就越精细
逐层切片打印		以转换后的 STL 文件为蓝本,读取文件中生成的横截面信息,载入对应的 3D 打印原料,将截面逐层打印出来,再将打印出来的各层截面按照建模文件的结构组合起来,从而制造出最终实体
去除打印 附着物		在 3D 打印过程中,有时需要辅助结构或支撑物来辅助打印,如打印倒挂状的物体。在打印结束后,需要把辅助结构或支撑物拆除
其他后续处理		大部分的 3D 打印物体能通过打磨来提高表面的光滑度,通过高压空气冲击进行表面清洁,还可以进行涂色等处理。不同的 3D 打印技术、不同的制造需求及不同的 3D 打印原料,需要不同的后续处理,如 SLA 技术打印出来的物体需要紫外光固化,金属材料打印出来的物体需要用烤箱消除应力等

三、3D 打印技术的应用

3D 打印技术适合小规模快速制造,特别适用于个性化的产品,可以快速制造出定制化物体,相关行业争先引入 3D 打印技术,用于改进生产,提高制造能力。3D 打印技术在工业设计、航空航天、建筑行业、汽车工业、医疗医学等各个领域都有着广泛的应用,见表 1-1-2。

2019 年 1 月 14 日，美国首次利用 3D 打印技术制造出模仿中枢神经系统结构的脊髓支架，成功恢复了受损大鼠的运动功能。2019 年 3 月，中国的长征五号系列运载火箭芯级捆绑支座就是使用 3D 打印技术制造出来的，3D 打印出来的支座的综合属性与原来锻造出来的支座相当，但是总质量减轻了 30%。

表 1-1-2　3D 打印技术的应用

应用领域	图　示	应用说明
工业设计		3D 打印技术最早应用在工业设计上，用于快速打印各种复杂结构的样板进行测试。传统的样板成型方式花费高，耗时长，如果遇到任何的设计变更，则会造成更高的花费和更长的耗时。3D 打印技术的引入为这一难题提供了一个有效的解决方案，原来需要好几天才能制造出来交付设计部门的实物样板，现在可能短短几小时就能制造出来，随时修改，随时打印，大大提高了设计效率
航空航天		以前很多传统技术难以制造出来的结构复杂零件，现在都可以通过 3D 打印技术低成本制造出来。复杂的镂空结构使零件质量减轻但是强度不变，3D 打印技术在航空航天领域有着广阔的应用前景。基于 3D 打印技术的"千乘一号 01 星"卫星于 2019 年 8 月由火箭成功送入预定轨道，并稳定运行
建筑行业		3D 打印技术在建筑行业的应用主要在设计和施工两个阶段，设计阶段主要用于制作模式、样板展示等，施工阶段则利用 3D 打印技术建造可以居住和使用的房屋，这种建造技术有利于降低劳动成本、改善工人劳动条件和缩短建造工期。2019 年，中建二局使用 3D 打印技术完成了一座高 7.2m 的双层办公楼主体结构打印，这是一座 3D 打印的双层示范建筑，由计算机智能控制全自动建造，24 小时昼夜不停打印，施工时间更短，更加节省材料
汽车工业		3D 打印技术能制造出结构复杂的汽车零部件，减少汽车零部件数量，提高汽车的整体可靠性。在悍马、福特、大众、保时捷等企业的生产线上，都能看到 3D 打印机在辅助制造。捷豹、路虎声称，其所生产出来的汽车树脂部件有 1/3 都是 3D 打印制造的，未来将进一步提高其中的比例

续表

应用领域	图 示	应用说明
医疗医学	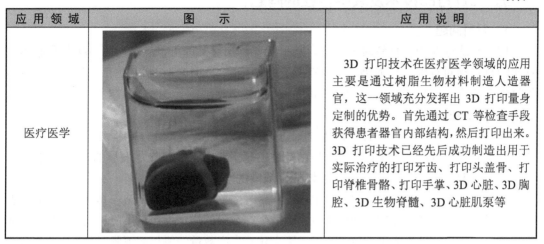	3D 打印技术在医疗医学领域的应用主要是通过树脂生物材料制造人造器官，这一领域充分发挥出 3D 打印量身定制的优势。首先通过 CT 等检查手段获得患者器官内部结构，然后打印出来。3D 打印技术已经先后成功制造出用于实际治疗的打印牙齿、打印头盖骨、打印脊椎骨骼、打印手掌、3D 心脏、3D 胸腔、3D 生物脊髓、3D 心脏肌泵等

四、3D 打印技术的优点

1．降低制造复杂静态物品的难度

将 3D 物品降维到 2D 进行切片堆叠制造，这使得制造一个结构复杂的物体并不比制造一个简单立方体的难度增加多少，难度的降低使得生产成本下降。

2．产品的改动不增加成本

在 3D 打印过程中，产品的改动不增加成本，可以大大提高生产的灵活性。传统制造设备功能单一，一台设备或一个模具只能制造出有限的形状，在引入 3D 打印技术后，只要改变设计图即可制造各种各样的产品，如图 1-1-2 所示。

图 1-1-2 3D 打印快速成型产品

3．按需制造快速交付

3D 打印技术非常适合生产小规模的定制化产品，符合现代生产企业的订单加工经营模式。样本模型确定后，只需简单的材料调整即可开展生产，既减少了企业的库存又提高了企业的交付速度，可以加快企业生产运转。

4．减少生产材料损耗

传统制造技术，特别是金属加工制造技术，属于减材制造，就是投入超量的原材料，通过机械加工车铣刨磨，去除材料多余部分，最终制造出成品，这一过程会造成大量的生产材料损耗。而 3D 打印技术属于增材制造，将 3D 结构转化成 2D 结构堆叠成型，除少量必要的支撑辅助外，在生产过程中造成的材料浪费极少，大大降低了生产材料损耗。

五、3D 打印技术发展中存在的问题

1. 材料问题

传统制造行业加工材料对象广泛，几乎所有已知材料都可以加工，而 3D 打印技术能打印的材料相对有限，目前仍需要材料具有热熔冷黏合的特性，日常生活中所接触到的各种材料有相当一部分无法支持 3D 打印技术，材料问题限制着 3D 打印技术的发展。

2. 机器成本问题

3D 打印机结构复杂，现阶段 3D 打印机的造价依然昂贵，在一定程度上影响了 3D 打印技术的普及；3D 打印机的耐用度和稳定性也是制约 3D 打印技术发展的一个重要因素。

3. 3D 打印技术不适用于固定物体的大规模生产

传统的注塑开模等量材料生产，生产成本耗时主要集中在生产制造模具这个过程，模具一旦完成，生产每件物体的平均成本就会随着生产数量的增加而急剧下降，而 3D 打印技术生产的固定物体的平均成本保持不变，并不会随着生产数量的增加而下降。对于固定物体的大量生产，3D 打印技术无论是平均生产成本还是平均生产时间都无法胜过传统生产工艺，只适用于小量定制化物体的生产，不能替代传统生产工艺的地位，只是一种有效的补充。

4. 成品强度问题

3D 打印技术不仅受到打印材料的限制，还面临成品的强度和耐用度问题。传统的铸造成品内部缝隙杂质气泡较少，一体成型强度高，而 3D 打印技术面临着原生打印技术喷头精度和速度两难问题，喷头精度越高，打印速度越慢，而且打印过程是一个堆叠过程，难免会引入更多的杂质和混进更多的气泡，从而影响成品强度和耐用度。现在普遍解决成品强度问题的方案是制造复杂的结构，利用工程力学结构分散受力的原理来提升强度、弥补劣势。

5. 精度和材料性质问题

3D 打印技术制造成型原理还不完善，其打印成型零件的尺寸精度、形状精度和表面粗糙度离前端领域的要求还有一段距离，同时与传统制造工艺的广泛可加工材料相比，3D 打印材料的物理性能和化学性能具有相当程度的局限性，往往较难满足功能性零件的要求，对 3D 打印技术的应用推广带来了一定的影响。

拓展任务

1. 什么是 3D 打印技术？第一台 3D 打印机是谁发明的？

2. 通过身边的书籍、杂志和网络学习 3D 打印技术应用方面的知识，列举 3D 打印技术在 3 种不同领域的应用事例，并将这些事例填写在 3D 打印技术的应用事例表中，见表 1-1-3。

表 1-1-3　3D 打印技术的应用事例表

应 用 领 域	应 用 事 例

3. 使用 3D 打印机打印一个实物有哪些步骤，具体的操作过程是什么，请填写在 3D

打印步骤表中，见表 1-1-4。

表 1-1-4　3D 打印步骤表

步　　骤	操 作 过 程

4．3D 打印技术在航空航天领域有什么优势？收集一些关于 3D 打印技术在航空航天领域应用的例子讲给你的同学听。

5．通过学习，你认为 3D 打印技术的发展前景如何，为什么？

任务 2　认识 3D 打印设备及软件

学习目标

1. 认识 3D 打印机及其分类。
2. 认识常见的 3D 打印材料。
3. 认识常见的 3D 建模软件。
4. 认识 3D One Plus 建模软件。

任务描述

通过学习，认识 3D 打印机及其分类、常见的 3D 打印材料、常见的 3D 建模软件及 3D One Plus 建模软件。

任务分析

根据任务描述，需要学习 3D 打印机及打印机的分类等基本知识，认识常用的 3D 打印机。通过学习 3D 打印材料，认识常用的塑料、金属、橡胶等 3D 打印材料。通过学习 3D 建模软件，认识计算机辅助工业设计等 3D 建模软件和 3D One Plus 建模软件。

任务实施

一、3D 打印机

3D 打印机是通过输入由 3D 建模软件建模后转换成编码的 3D 数字模型，在计算机的控制下堆叠材料，打印出 3D 物件的机器，是实现由设计图到实物的桥梁。

3D 打印机根据打印头运动方式可以分为 XY 双轴型 3D 打印机、XYZ 三轴型 3D 打印机和三角轴型 3D 打印机。XY 双轴型 3D 打印机的主要打印方法是喷头进行 X 轴水平方向

和 Y 轴垂直方向的移动，打印平台上下升降来进行堆叠。XYZ 三轴型 3D 打印机与 XY 双轴型最大的区别在于喷头可进行上下升降运动。三角轴型 3D 打印机主要利用三个步进电动机驱动皮带移动喷头实现打印。

3D 打印机根据打印技术不同，可以分为 FDM 打印机、SLS 打印机、SLA 打印机、DLP 打印机、SLM 打印机等多种类型，见表 1-2-1。

表 1-2-1　不同打印技术的 3D 打印机

类　　型	图　　示	特　　点
FDM 打印机		FDM 技术即熔融沉积成型技术。FDM 打印机以打印 ABS、PLA 塑料等一系列热塑性塑料为主，将丝状的 ABS、PLA 材料加热熔化，以挤压的方式一层层堆叠上去最终成型。FDM 打印机原理简单，上手容易，打印机价格低廉，是最早开发的 3D 打印机，普及度高，每年成交量极大
SLS 打印机		SLS 技术即选择性激光烧结成型技术。通过控制激光束扫描，打印粉末材料的温度升到熔点，进行烧结并与下面已成型的部分实现黏结，一层一层地烧结，直至完成整个模型。SLS 打印机可使用的材料比较多，包括高分子、陶瓷、石膏、尼龙等多种粉末，以尼龙材料为主
SLA 打印机		SLA 技术即立体光固化成型技术，是一种逐层使用激光束逐点精确照射液态的光敏树脂使其固化，最终层层固化堆叠的快速成型技术。SLA 打印机打印精度高，打印速度快，缺点是设备价格较高，维护成本高，其打印材料光敏树脂有较大的异味，因此打印机需要加盖子防止异味泄露并遮挡光线

续表

类　型	图　示	特　点
DLP 打印机	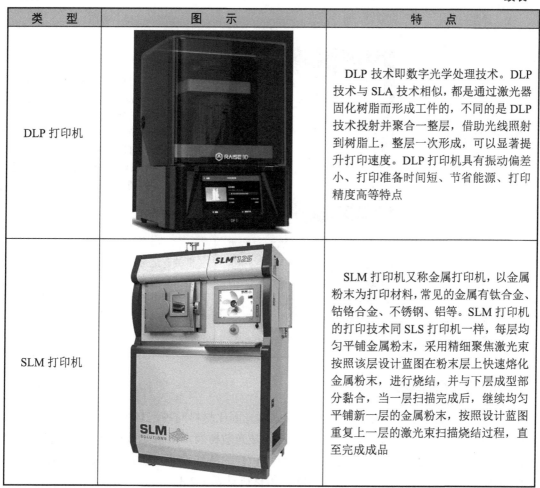	DLP 技术即数字光学处理技术。DLP 技术与 SLA 技术相似，都是通过激光器固化树脂而形成工件的，不同的是 DLP 技术投射并聚合一整层，借助光线照射到树脂上，整层一次形成，可以显著提升打印速度。DLP 打印机具有振动偏差小、打印准备时间短、节省能源、打印精度高等特点
SLM 打印机		SLM 打印机又称金属打印机，以金属粉末为打印材料，常见的金属有钛合金、钴铬合金、不锈钢、铝等。SLM 打印机的打印技术同 SLS 打印机一样，每层均匀平铺金属粉末，采用精细聚焦激光束按照该层设计蓝图在粉末层上快速熔化金属粉末，进行烧结，并与下层成型部分黏合，当一层扫描完成后，继续均匀平铺新一层的金属粉末，按照设计蓝图重复上一层的激光束扫描烧结过程，直至完成成品

　　3D 打印机根据机械结构不同，可以分为箱体打印机、并联臂打印机、机械臂组合打印机，见表 1-2-2。

表 1-2-2　不同机械结构的 3D 打印机

类　型	图　示	特　点
箱体打印机		箱体结构是目前市面上比较流行的打印机结构，打印头沿 X、Y 轴前后左右移动，打印平台沿 Z 轴上下移动，最大程度地利用空间，同时箱体能隔绝材料打印过程中的异味，其外观设计比较符合大众要求

续表

类　型	图　示	特　点
并联臂打印机	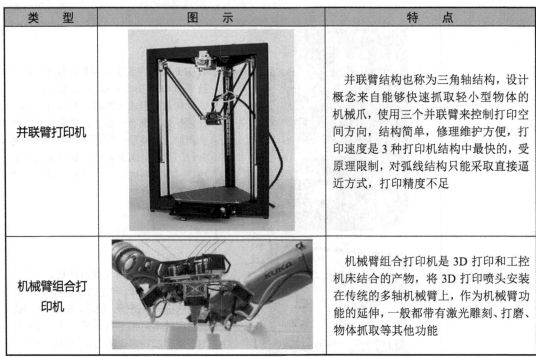	并联臂结构也称为三角轴结构，设计概念来自能够快速抓取轻小型物体的机械爪，使用三个并联臂来控制打印空间方向，结构简单，修理维护方便，打印速度是 3 种打印机结构中最快的，受原理限制，对弧线结构只能采取直接逼近方式，打印精度不足
机械臂组合打印机		机械臂组合打印机是 3D 打印和工控机床结合的产物，将 3D 打印喷头安装在传统的多轴机械臂上，作为机械臂功能的延伸，一般都带有激光雕刻、打磨、物体抓取等其他功能

二、3D 打印材料

　　3D 打印材料主要分为熔融沉积材料和立体光固化材料两种，其中熔融沉积材料种类较多，材料的性能较多。立体光固化材料大部分是光敏树脂，很多光敏树脂厂商都有特定的配方和特殊的材料供应。每种光敏树脂都有不一样的特殊设计，配方不同，其软硬程度不同，需要的光照时间也不同。常见的 3D 打印材料见表 1-2-3。

表 1-2-3　常见的 3D 打印材料

材　料	图　示	特　点
ABS 塑料		ABS 是丙烯腈、丁二烯和苯乙烯的三元共聚物，A 代表丙烯腈，B 代表丁二烯，S 代表苯乙烯。ABS 塑料是一种无定形热塑性材料，能用来制造乐高玩具、常用工具及体育器材等，用于 3D 打印中耐高温耐挤压，成型效果比较好
PLA 塑料		PLA 是聚乳酸的简称，PLA 塑料是一种新型的可再生生物降解材料，使用从植物（如玉米秆等）中提出的淀粉制成，无论是打印过程还是最终成品都非常环保，无光敏树脂的明显异味和金属粉末的明显粉尘，是学习 3D 打印技术的首选材料

续表

材　料	图　示	特　点
光敏树脂		光敏树脂是指遇到特定频率的光照会改变自身化学结构而固化的树脂，一般情况下呈液态，用于 3D 打印中精度高，制造出来的成品表面光滑、可喷油漆、硬度一般，常用于打印手办模型、外观设计模型等
金属粉末		常见的 3D 打印金属粉末材料有钛合金、钴铬合金、不锈钢、铝合金、镍合金、模具钢等
橡胶		橡胶种类繁多，具有不同特性，是一种常见的 3D 打印材料，多用于制造一些消费类电子产品的零部件或医疗设备
陶瓷粉末		陶瓷有着化学性质稳定、硬度高、耐高温、耐腐蚀等特点，陶瓷粉末是由陶瓷土粉和其他黏结剂粉末组成的，陶瓷土粉耐高温，黏结剂粉末熔点较低。通过激光烧结，黏结剂粉末熔化从而使陶瓷土粉黏结在一起，烧结后还需要放入烤炉中进行定型后处理

三、3D 建模软件

3D 打印应用广泛，3D 打印在很多领域的应用越来越多，各行各业的建模软件均拓展自身的功能以支持 3D 打印。3D 建模软件种类繁多，大致可以分为计算机辅助工业设计软件、计算机辅助设计软件、多边形建模软件和 3D 建模教育软件。

计算机辅助工业设计软件可以高效地将方案可视化及进行快速的修改，在复杂的曲面搭建上有很大的优势，常见的计算机辅助工业设计软件有 Rhino、Alias 等。计算机辅助设计软件强于实体建模，通过基本元素的调整变形操作生成复杂的形体，三维立体的表面与实体同时生成，广泛运用于制造业，安装率比较高，常见的计算机辅助设计软件有 AutoCAD、SolidWorks、Inventor 等。多边形建模软件的建模过程为首先创建一个简单多边形粗略模型，然后逐步细化，对该多边形对象进行反复的细化编辑修改来实现建模过程。这类软件在游戏、电影、动画行业有广泛的应用，更容易上手。常见的多边形建模软件有 3DS MAX、Maya 等。3D 建模教育软件主要应用于教育行业，这类软件界面简洁、操作简单、容易学习，用于培养学习者良好的建模思路。常见的 3D 建模软件见表 1-2-4。

表 1-2-4　常见的 3D 建模软件

软　件	图　示	特　点
Rhino		Robert McNeel & Associates 公司开发的工业设计建模软件。相对 Alias 的入门难度高，Rhino 比较简单、易上手，受到中小工作室的欢迎
Alias		Autodesk 公司开发的计算机辅助工业设计软件，在曲面建模方面功能强大，设计精度非常高，适用于拥有大量曲面外形并且要求高精度的行业
AutoCAD		现在流行的计算机辅助设计软件，可用于绘制二维图形和三维图形，广泛应用于各行各业
SolidWorks		法国 Dassault Systemes 公司开发的面向工业设计、机械设计等类型的制造业生产需求的软件，简单直观，上手周期短，比较受设计人员欢迎

续表

软　件	图　示	特　点
Inventor		Autodesk 公司开发的实体建模软件，主要侧重于机械建模，提供专业级三维机械设计和产品仿真工具
Unigraphics NX		西门子公司开发的建模软件，易于上手，广泛应用于产品设计的模具行业
SketchUp		google 公司旗下的面向设计方案的设计工具，是一款十分容易上手的三维建模软件，在建筑、园林景观行业应用广泛
Pro/Engineer		美国参数技术公司开发的三维软件，在机械设计领域电子行业与模具制造行业应用广泛
3DS MAX		原 Discreet 公司开发（现被 Autodesk 公司合并），是一款在影视、游戏、动画、室内设计行业广泛应用的建模软件
Maya		Autodesk 公司开发的三维动画建模软件，和 3DS MAX 在很多功能上相同，被影视特效、游戏动画行业广泛应用
3D One		3D One 是一款专为中小学素质教育开发打造的三维设计软件，软件界面简洁，操作简单

四、3D One Plus 建模软件

3D One Plus 是一款适用于中小学生的 3D 打印设计软件，软件根据中小学生的特点，设置一目了然的功能布局和合理的菜单栏功能分区及操作指引，最大程度地降低学习难度。软件界面简洁、方便，通过鼠标左、中、右三个按键即可实现模型的快速移动、转化视角、放大缩小等功能。

3D One Plus 软件界面包括菜单栏、命令工具栏、浮动工具栏、导航视图、标题栏和模型设计区 6 个部分，如图 1-2-1 所示。

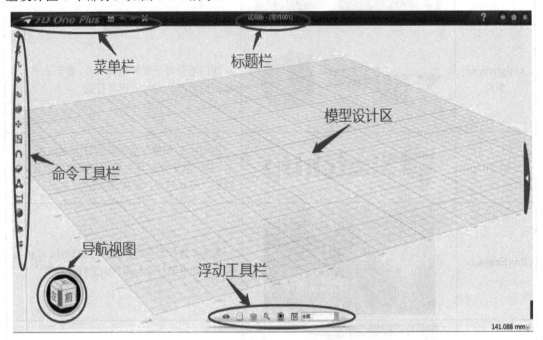

图 1-2-1　3D One Plus 软件界面

拓展任务

1．通过观察和咨询，说一说你们学校有哪些类型的 3D 打印机？

2．通过观察和咨询，说一说你们学校的 3D 打印机使用什么打印材料？

3．说一说你认识哪些 3D 建模软件的界面？

4．通过身边的书籍、杂志和网络学习 3D 打印机的相关知识，列举三种比较常见的 3D 打印机，在 3D 打印机信息表中填入它们的型号、机械结构等信息，见表 1-2-5。

表 1-2-5　3D 打印机信息表

打印机型号	机械结构	打印技术	打印材料

5. 使用电脑打开 3D One Plus 建模软件界面，找到界面中的菜单栏、命令工具栏、浮动工具栏、导航视图、标题栏和模型设计区。

任务 3 打印一个 3D 实物

📝 学习目标

1. 能够通过网络查找学习资料和模型文件。
2. 能够使用 3D 打印机的切片软件完成切片和设置。
3. 能够调试 3D 打印机。
4. 能够使用 3D 打印机打印 3D 实物。

📝 任务描述

通过网络找到"青少年三维创意社区"网站，在网站中找到一个"衣叉"的 3D 模型文件，具体模型如图 1-3-1 所示，然后对其进行转换、切片等，并将其打印出来。

图 1-3-1 "衣叉"的 3D 模型

📝 任务分析

根据任务描述，首先通过百度搜索查找到相关网站，从网站中找到需要的模型文件，并使用 3D One Plus 软件进行文件类型转换，然后使用打印机切片软件进行切片和设置并保存打印文件，最后在 3D 打印机中打印 3D 实物并进行打印后处理。

📝 任务实施

一、查找模型文件

通过百度搜索查找"青少年三维创意社区"网站，在网站中找到"衣叉"的 3D 模型，

15

并使用 3D One Plus 软件将其转换成通用类型的文件，具体步骤见表 1-3-1。

表 1-3-1　查找模型文件

步　骤	图　示	操作过程
搜索网站	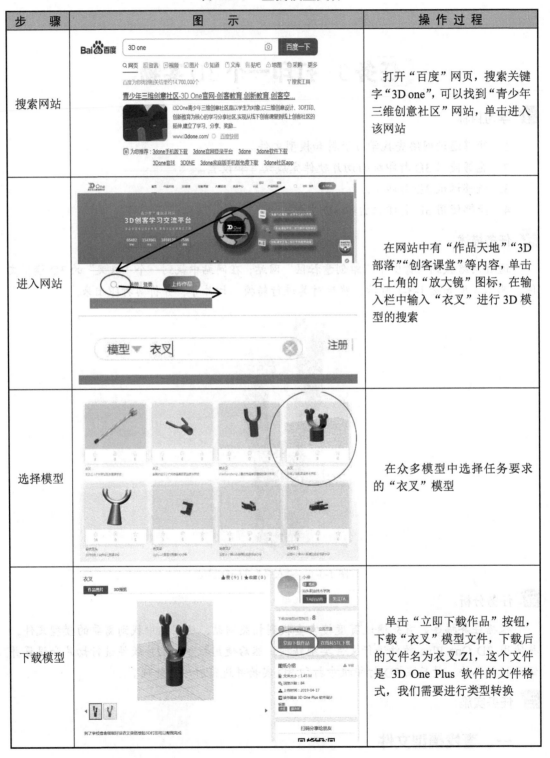	打开"百度"网页，搜索关键字"3D one"，可以找到"青少年三维创意社区"网站，单击进入该网站
进入网站		在网站中有"作品天地""3D部落""创客课堂"等内容，单击右上角的"放大镜"图标，在输入栏中输入"衣叉"进行 3D 模型的搜索
选择模型		在众多模型中选择任务要求的"衣叉"模型
下载模型		单击"立即下载作品"按钮，下载"衣叉"模型文件，下载后的文件名为衣叉.Z1，这个文件是 3D One Plus 软件的文件格式，我们需要进行类型转换

续表

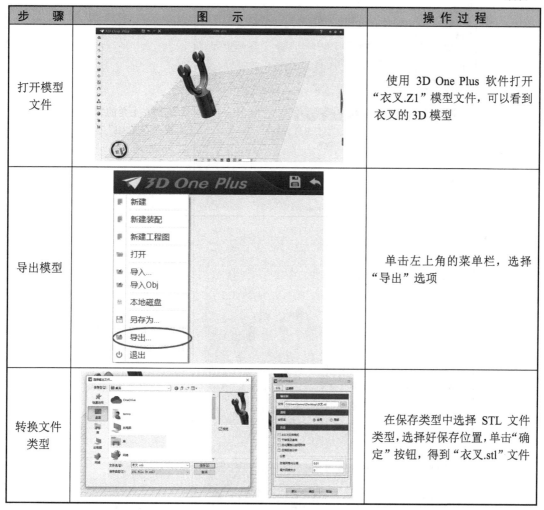

步　骤	图　示	操 作 过 程
打开模型文件		使用 3D One Plus 软件打开"衣叉.Z1"模型文件，可以看到衣叉的 3D 模型
导出模型		单击左上角的菜单栏，选择"导出"选项
转换文件类型		在保存类型中选择 STL 文件类型，选择好保存位置，单击"确定"按钮，得到"衣叉.stl"文件

二、切片与设置

使用弘瑞 3D 打印机专用的 Hori 切片软件对模型文件进行切片，并设置打印参数，具体步骤见表 1-3-2。

表 1-3-2　切片与设置

步　骤	图　示	操 作 过 程
打开切片软件		打开弘瑞 3D 打印机的专用切片软件

17

步　骤	图　示	操 作 过 程
加载模型文件	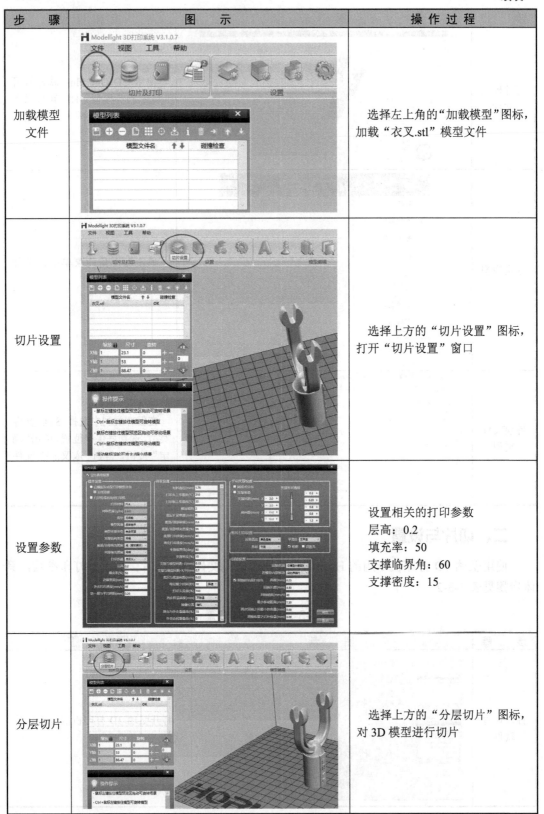	选择左上角的"加载模型"图标，加载"衣叉.stl"模型文件
切片设置		选择上方的"切片设置"图标，打开"切片设置"窗口
设置参数		设置相关的打印参数 层高：0.2 填充率：50 支撑临界角：60 支撑密度：15
分层切片		选择上方的"分层切片"图标，对 3D 模型进行切片

续表

步　骤	图　示	操 作 过 程
切片	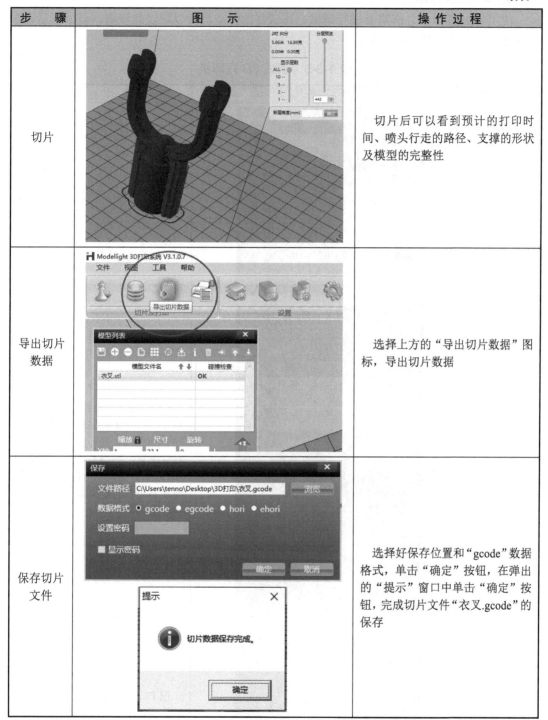	切片后可以看到预计的打印时间、喷头行走的路径、支撑的形状及模型的完整性
导出切片数据		选择上方的"导出切片数据"图标，导出切片数据
保存切片文件		选择好保存位置和"gcode"数据格式，单击"确定"按钮，在弹出的"提示"窗口中单击"确定"按钮，完成切片文件"衣叉.gcode"的保存

三、打印实物

使用弘瑞 3D 打印机打印衣叉实物可以分为三个步骤，首先调试 3D 打印机，然后插卡打印，最后对 3D 实物进行打印后处理。

1. 调试 3D 打印机

使用 3D 打印机之前需要进行调试，调试好的打印机可以跳过此步骤，调试好后需要涂抹胶水，具体步骤见表 1-3-3。

表 1-3-3　调试 3D 打印机

步　骤	图　示	操 作 过 程
开机		按下"开机"按钮，打开 3D 打印机
调整平台	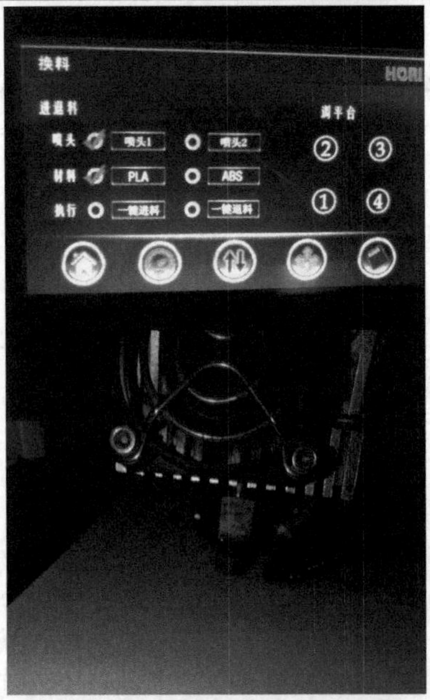	单击触摸屏"换料"按钮，在换料窗口右边分别点击"1""2""3""4"4 个按钮，打印头自动移动到对应位置，把 A4 纸垫在喷头与平台之间，拨动下方的螺母，调整喷头与平台的间距为一张 A4 纸的厚度
进料调试	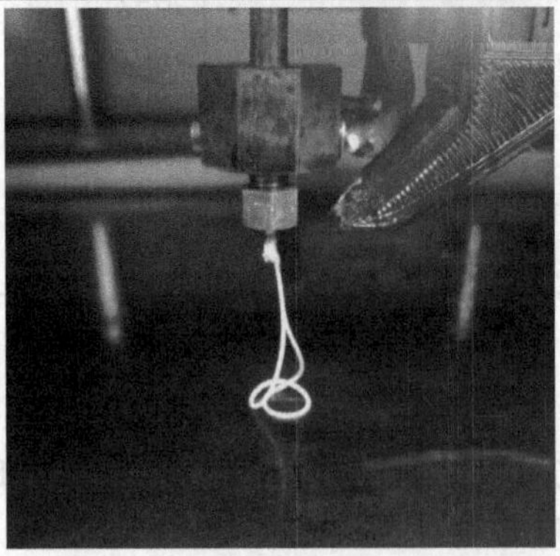	把 PLA 材料放进进料口，稍微往下压，单击"一键进料"按钮，等待喷头挤出打印材料即可

续表

步 骤	图 示	操 作 过 程
涂抹胶水		在平台玻璃上挤上适量胶水，用抹平器将胶水抹平

2. 插卡打印

将带有模型文件的 SD 卡插入调试好的 3D 打印机中进行打印，具体步骤见表 1-3-4。

表 1-3-4 插卡打印

步 骤	图 示	操 作 过 程
插入 SD 卡	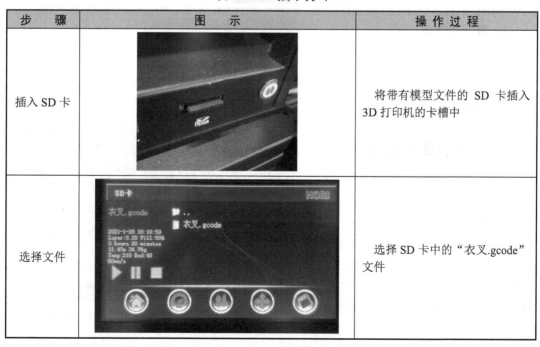	将带有模型文件的 SD 卡插入 3D 打印机的卡槽中
选择文件		选择 SD 卡中的"衣叉.gcode"文件

步　骤	图　示	操 作 过 程
开始打印	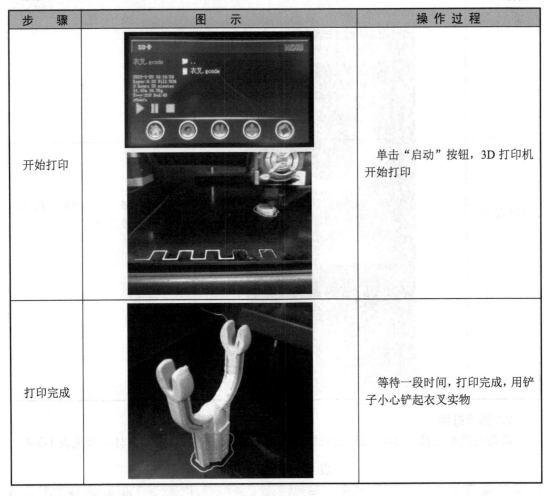	单击"启动"按钮，3D 打印机开始打印
打印完成		等待一段时间，打印完成，用铲子小心铲起衣叉实物

3．打印后处理

用钳子、小刀、镊子和砂纸等工具来剪除支撑物完成打印后处理，处理后的衣叉实物如图 1-3-2 所示。

 知识链接

一、3D 打印相关网站

许多 3D 打印爱好者将自己设计的 3D 模型文件上传到 3D 打印的学习或专门模型网站供大家学习和参考，通过网络我们可以找到这些 3D 模型文件，使用 3D 打印机就可以打印出许多有趣的 3D 实物。我们也可以将自己设计的 3D 模型文件上传到这些网站，供其他的 3D 打印爱好者打印、学习和参考。3D 打印的网络资源比较丰富，通过百度搜索可以查找到许多 3D 打印的学习网站和 3D 模型的资源网站。

图 1-3-2　衣叉实物

拓展任务

1．在"青少年三维创意社区"网站中找到一个"生肖"的 3D 模型文件，具体模型如图 1-3-3 所示，使用 3D 打印机将它打印出来。

2．在"迪威模型"网站中找到一个"骰子"的 3D 模型文件，具体模型如图 1-3-4 所示，使用 3D 打印机将它打印出来。

图 1-3-3　"生肖"3D 模型

图 1-3-4　"骰子"3D 模型

3．在"打印啦"网站中找到一个"多面体皮卡丘"的 3D 模型文件，具体模型如图 1-3-5 所示，使用 3D 打印机将它打印出来。

4．在"3D 打印资源库"网站中找到一个"旅行青蛙"的 3D 模型文件，具体模型如图 1-3-6 所示，使用 3D 打印机将它打印出来。

图 1-3-5　"多面体皮卡丘"3D 模型

图 1-3-6　"旅行青蛙"3D 模型

5．在"打印啦"网站中找到一个"硬币夹"的 3D 模型文件，里面有 4 个模型文件，具体模型如图 1-3-7 所示，使用 3D 打印机将里面的 4 个 3D 实物打印出来。

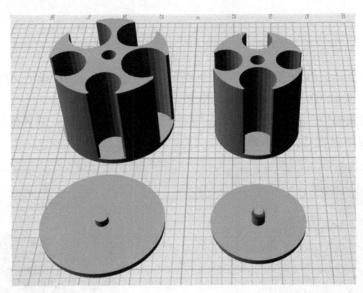

图 1-3-7　"硬币夹" 3D 模型

项目评价

通过本项目的学习，我们学习了 3D 打印技术，打印了一个 3D 模型实物，请花一点时间进行总结，回顾自己哪些方面得到了提升，哪些方面仍需要加油，在自我评价的基础上，还可以让教师或同学进行评价，这样评价就更客观了。请填写项目评价表，见表 1-4-1。

表 1-4-1　项目评价表

序号	内容	自我评价			他人评价		
		优秀	学会	需要加油	优秀	学会	需要加油
1	3D 打印技术						
2	3D 打印过程						
3	3D 打印技术的应用						
4	3D 打印技术的优缺点						
5	3D 打印机及其分类						
6	3D 打印材料						
7	3D 建模软件及 3D One Plus 建模软件						
8	打印 "衣叉" 实物						
自我体会（有哪些收获、哪些不足）：							
小组对你的评价（技能操作、学习方面）：							
教师对你的评价（技能操作、学习方面）：							

项目二

简单物体的建模和打印

📖 学习目标

1. 能够使用 3D One Plus 软件建模并使用 3D 打印机打印出水管模型的实物。
2. 能够使用 3D One Plus 软件建模并使用 3D 打印机打印出帽子模型的实物。
3. 能够使用 3D One Plus 软件建模并使用 3D 打印机打印出回形针模型的实物。
4. 能够使用 3D One Plus 软件建模并使用 3D 打印机打印出门牌模型的实物。
5. 能够使用 3D One Plus 软件建模并使用 3D 打印机打印出花瓶模型的实物。

📖 项目描述

　　根据所给的水管、帽子、回形针、门牌和花瓶等简单物体的尺寸图使用 3D One Plus 软件中的相关工具进行建模，将得到的 Z1 文件导出为 STL 文件，再将 STL 文件加载到 3D 打印软件系统中进行切片，并用 3D 打印机打印模型实物，最后进行简单的处理得到光滑的模型实物。

📖 项目分析

　　根据项目描述，打印实物大致需要经过 3D One Plus 软件建模、切片、打印和打印后处理等步骤。建模过程需要使用 3D One Plus 软件的草图绘制命令、拉伸命令、旋转命令、扫掠命令、文字命令、圆角命令、放样命令等。

任务 1　水管的建模和打印

📝 学习目标

1. 能够识读水管的尺寸图。
2. 能够灵活应用草图绘制命令。
3. 能够灵活应用特征造型命令中的拉伸命令。
4. 能够完成水管的建模。
5. 能够使用 3D 打印机打印出水管的实物。

📝 任务描述

根据所给的水管的尺寸图，如图 2-1-1 所示，使用 3D One Plus 软件建模，并用 3D 打印机打印水管实物。

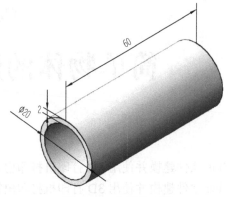

观 看 图 纸

图 2-1-1　水管尺寸图

📝 任务分析

根据任务描述，需要识读水管的尺寸图，首先根据尺寸图所给尺寸使用软件完成水管的建模，然后转换成 STL 文件，最后切片、打印得到水管实物。

📝 任务实施

一、新建保存文件

1. 新建建模文件，具体步骤见表 2-1-1。

观 看 视 频

表 2-1-1　新建文件

步　　骤	图　　示	操 作 过 程
打开软件	**3D One Plus**	打开软件，将鼠标光标移动到窗口左上角（图中画圈部分）
新建文件	**3D One Plus** 💾 ↶ ↷ ✕ 　新建 　新建装配 　新建工程图 　打开 　导入… 　导入Obj 　本地磁盘 　另存为… 　导出… 　退出	单击鼠标左键，在弹出的菜单中选择"新建"命令

2. 保存文件在所需的文件夹中，具体步骤见表 2-1-2。

表 2-1-2　保存文件

步　骤	图　示	操 作 过 程
保存文件	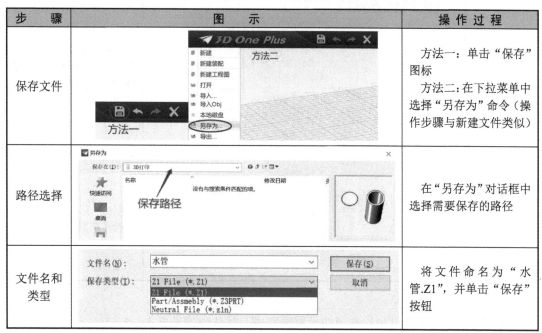	方法一：单击"保存"图标 方法二：在下拉菜单中选择"另存为"命令（操作步骤与新建文件类似）
路径选择		在"另存为"对话框中选择需要保存的路径
文件名和类型		将文件命名为"水管.Z1"，并单击"保存"按钮

二、水管建模

水管的建模分为两个部分，包括圆环的绘制和圆环的拉伸。

1. 圆环的绘制

圆环的绘制通过绘制两个圆心相同的圆来完成，具体步骤见表 2-1-3。

观 看 视 频

表 2-1-3　圆环的绘制

步　骤	图　示	操 作 过 程
圆形命令选择与草图平面的建立		单击导航视图，使界面（视图）对正"上"面方向。 选择"草图绘制"中的"圆形"命令，选择所需的草图平面
绘制内圆		绘制一个圆心为(0,0)，半径为 10 的圆形作为圆环的内圆，单击"确定"按钮

续表

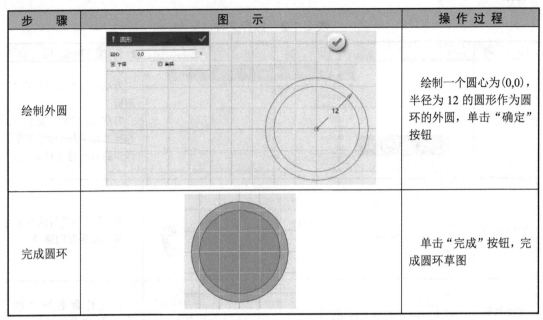

步　　骤	图　　示	操 作 过 程
绘制外圆		绘制一个圆心为(0,0)，半径为 12 的圆形作为圆环的外圆，单击"确定"按钮
完成圆环		单击"完成"按钮，完成圆环草图

2. 圆环的拉伸

圆环的拉伸主要通过拉伸选项的设置来完成，具体步骤见表 2-1-4。

表 2-1-4　圆环的拉伸

步　　骤	图　　示	操 作 过 程
选择拉伸图标		单击圆环草图，选择"拉伸"图标
拉伸菜单栏的设置	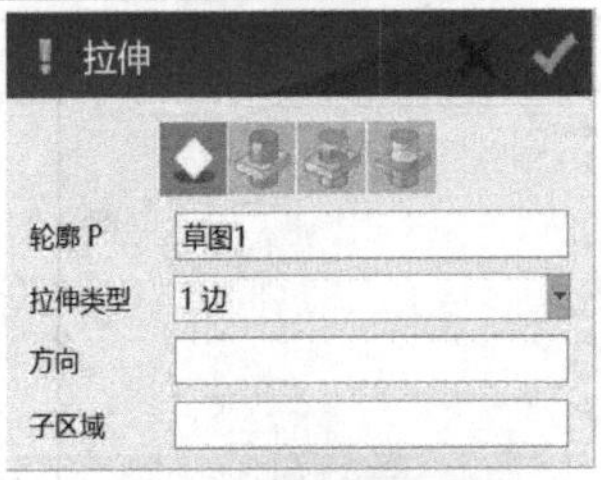	在"拉伸"对话框中选择"基体"，在拉伸类型中设置"1 边"
拉伸长度的设置	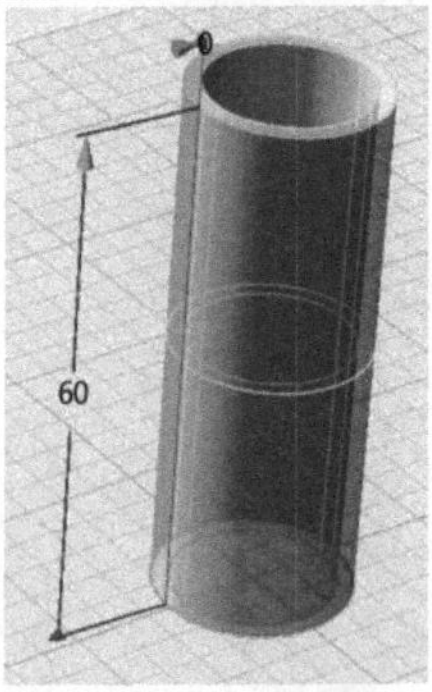	在图形中设定拉伸的长度为 60，单击"确定"按钮

续表

步　骤	图　示	操 作 过 程
完成	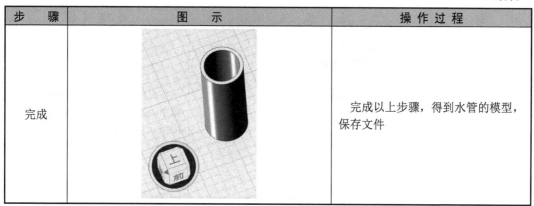	完成以上步骤，得到水管的模型，保存文件

二、导出 STL 文件

将"水管.Z1"文件转换为 STL 文件，通过导出文件、保存文件和生成 STL 文件三个步骤完成转换，具体步骤见表 2-1-5。

观 看 视 频

表 2-1-5　导出 STL 文件

步　骤	图　示	操 作 过 程
导出文件	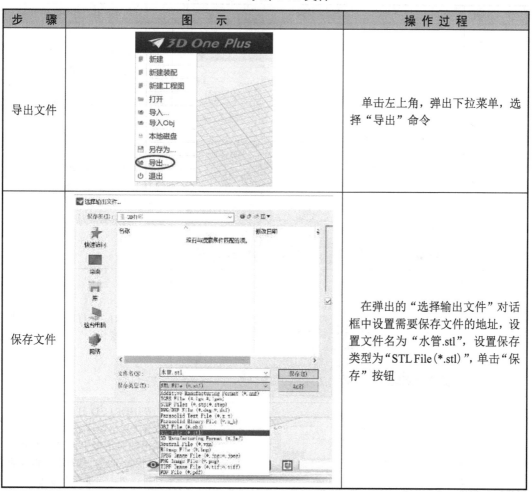	单击左上角，弹出下拉菜单，选择"导出"命令
保存文件		在弹出的"选择输出文件"对话框中设置需要保存文件的地址，设置文件名为"水管.stl"，设置保存类型为"STL File(*.stl)"，单击"保存"按钮

续表

步　骤	图　示	操 作 过 程
生成 STL 文件	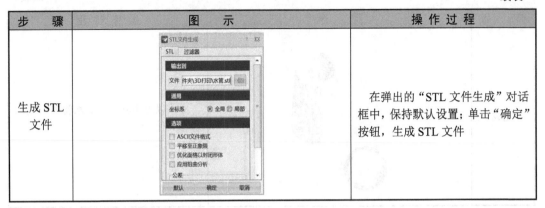	在弹出的"STL 文件生成"对话框中，保持默认设置；单击"确定"按钮，生成 STL 文件

三、打印水管实物

将"水管.stl"文件加载到 3D 打印软件系统中，进行切片，添加支撑物，导出切片数据文件，并放入打印机中进行打印，具体步骤见表 2-1-6。

观 看 视 频

表 2-1-6　打印水管实物

步　骤	图　示	操 作 过 程
加载模型		在 HORI 3D 打印软件系统中选择"加载模型"图标，在弹出的对话框中选择"水管.stl"文件，单击"打开"按钮
切片设置		在 HORI 3D 打印软件系统中选择"切片设置"图标，在弹出的对话框中设置"模型层高"为 0.1，"填充率"为 30，单击"确定"按钮
切片		在 HORI 3D 打印软件系统中选择"分层切片"图标，程序自动切片
导出切片数据		在 HORI 3D 打印软件系统中选择"导出切片数据"图标，在弹出的对话框中设置文件名为"水管.gcode"，选择需要保存的地址，单击"保存"按钮

续表

步　骤	图　示	操 作 过 程
打印实物		将文件保存到 SD 卡中，插到打印机上进行打印
打印后处理		除去多余的支撑物，使用锉刀或砂纸打磨不光滑的部分，得到水管实物

 知识链接

一、草图绘制工具栏

草图是建模的基础，在 3D One Plus 软件中，大部分的特征造型命令都是基于草图进行的。在软件中，空间是三维的，因此绘制草图需要为草图选择草图绘制平面，草图绘制平面可以是视图基准面、模型面和添加的基准面。

用于绘制草图的命令非常丰富，草图绘制工具栏包括矩形、圆形、椭圆形、正多边形、直线、圆弧、多段线、通过点绘制曲线、预制文字、参考几何体等 10 个命令，如图 2-1-2 所示。

二、圆形命令

圆形命令是草图绘制工具栏中的一个，它可以快速绘制一个给定半径或直径的圆。"圆形"图标如图 2-1-3 所示。

在绘制圆时，可通过菜单设置圆心坐标和半径或直径，如图 2-1-4 所示，也可拖动箭头来改变半径或直径，如图 2-1-5 所示。

图 2-1-2　草图绘制工具栏

图 2-1-3　"圆形"图标

图 2-1-4　圆心坐标设置与半径的选择

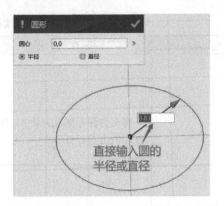 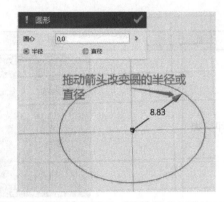

图 2-1-5   半径或直径的 2 种设置方法

三、拉伸命令

拉伸命令的功能是将所选择的对象按照一定的距离、角度等进行拉长变形。拉伸的对象包括二维草图、三维实体上的平面、曲面上的边等二维图形，这些二维图形被拉伸后，可生成三维实体或曲面。若拉伸闭合对象，则生成实体，否则生成曲面，在特殊情况下，闭合对象能拉伸成曲面。

选择"拉伸"图标，会弹出"拉伸"对话框，在对话框中设置拉伸的属性，在拉伸菜单中可手动输入拉伸距离、拔模角度、拉伸方向等值，并可进行布尔运算。

"拉伸"图标的选择方式有 2 种。一种是通过"特征造型"中的"拉伸"图标来实现，如图 2-1-6 所示；另一种是直接单击二维图形，在弹出的菜单中选择"拉伸"图标来实现，如图 2-1-7 所示。

图 2-1-6   "拉伸"图标的选择 1   图 2-1-7   "拉伸"图标的选择 2

在"拉伸"对话框中，有轮廓、拉伸类型、方向、子区域等属性，如图 2-1-8 所示。

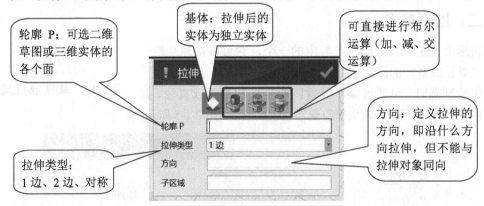

图 2-1-8   拉伸对话框

1．基体与布尔运算

（1）基体：拉伸的普通模式，拉伸后的实体为独立实体。

（2）布尔运算。

① 加运算：拉伸后得到的实体与其他相连的实体组合成一个实体。

② 减运算：删除拉伸后的实体与其他实体重合的部分。

③ 交运算：拉伸后得到的实体与其他实体的重合部分被保留，其余部分被删除。

以拉伸长方体上的一个圆为例，在长方体的顶面绘制一个圆，如图 2-1-9 所示，拉伸距离为 10，"基体"拉伸、"加运算"拉伸、"减运算"拉伸和"交运算"拉伸分别如图 2-1-10～图 2-1-13 所示。

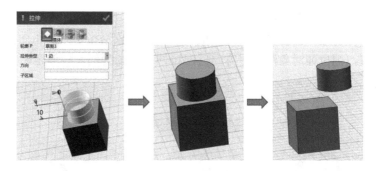

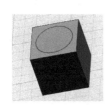

图 2-1-9 长方体顶面的圆

图 2-1-10 "基体"拉伸

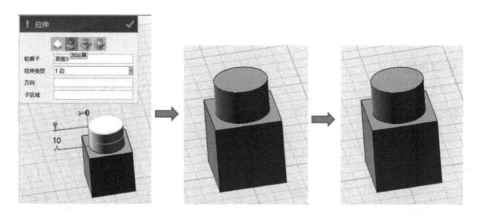

图 2-1-11 "加运算"拉伸

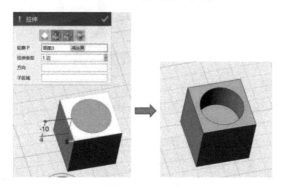

图 2-1-12 "减运算"拉伸

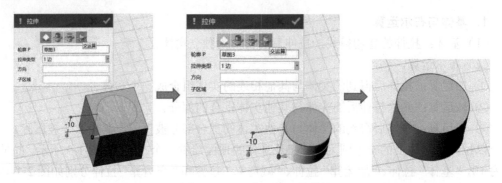

图 2-1-13　"交运算"拉伸

2．拉伸距离

若输入的拉伸距离为正值，则拉伸对象沿指定方向正向拉伸；若输入的拉伸距离为负值，则拉伸对象沿指定方向反向拉伸。以圆为例，拉伸距离的取值如图 2-1-14 所示。

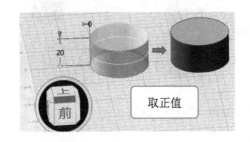
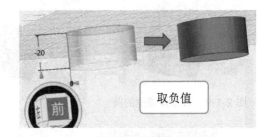

图 2-1-14　拉伸距离的取值

3．倾斜角度

输入正的倾斜角度表示从基准对象逐渐变粗地拉伸，输入负的倾斜角度则表示从基准对象逐渐变细地拉伸，倾斜角度的取值范围是-90°～90°，如图 2-1-15 所示。

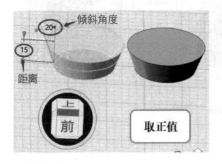
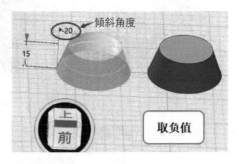

图 2-1-15　倾斜角度的取值

4．拉伸类型

拉伸类型包括 1 边、2 边和对称，如图 2-1-16 所示。

图 2-1-16　拉伸类型

（1）1 边：只往一个方向拉伸，如图 2-1-17 所示。

（2）对称：两边拉伸相同的距离，方向相反，如图 2-1-18 所示。

（3）2 边：往两个方向拉伸，可以同向，也可以反向，如图 2-1-19 所示。

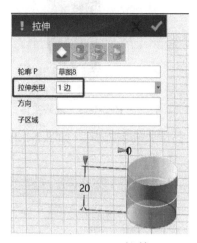

图 2-1-17　1 边拉伸

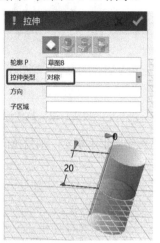

图 2-1-18　对称拉伸

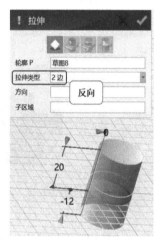

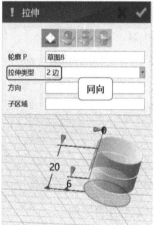

图 2-1-19　2 边拉伸

5．子区域

（1）若两个图形相交，则对选中的区域部分进行拉伸，其他部分被删除，如图 2-1-20～图 2-1-23 所示。

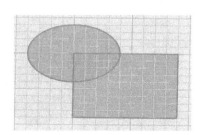

图 2-1-20　二维图形相交

图 2-1-21　子区域选项设置

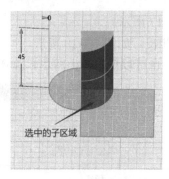

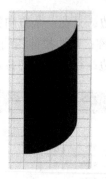

图 2-1-22　拉伸选项设置　　　　　图 2-1-23　最终实体

（2）若两个图形不相交，则只拉伸选中的图形，另一个图形被删除，如图 2-1-24～图 2-1-27 所示。

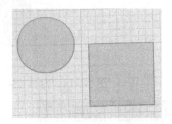

图 2-1-24　二维图形不相交　　　　图 2-1-25　子区域选项设置

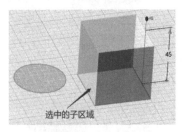

图 2-1-26　拉伸选项设置　　　　　图 2-1-27　最终实体

6. 三维实体上面与边的拉伸

若需要拉伸三维实体上的面或某一条边，则选择"拉伸"图标，弹出"拉伸"对话框，在对话框中设置拉伸的各种属性。在轮廓的选取上要注意选中所需的实体上的各个面或各条边。

在轮廓的选取上，以长方体为例，长方体上面的拉伸如图 2-1-28 所示，长方体上线的拉伸如图 2-1-29 所示。

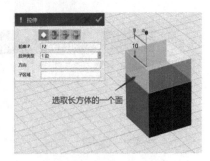

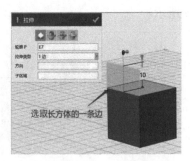

图 2-1-28　长方体上面的拉伸　　　　图 2-1-29　长方体上线的拉伸

拓展任务

1. 根据所给拱形积木尺寸图，如图 2-1-30 所示，使用 3D One Plus 软件建模，并打印拱形积木实物。

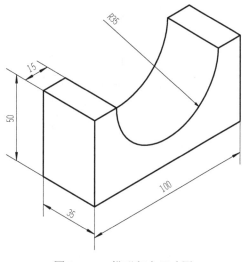

观 看 图 纸

图 2-1-30 拱形积木尺寸图

2. 根据所给五角星尺寸图，如图 2-1-31 所示，使用 3D One Plus 软件建模，并打印五角星实物。

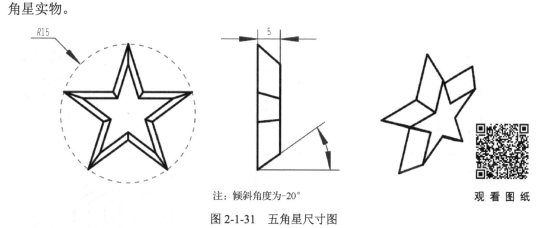

注：倾斜角度为-20°

观 看 图 纸

图 2-1-31 五角星尺寸图

3. 根据所给椅子尺寸图，如图 2-1-32 所示，使用 3D One Plus 软件建模，并打印椅子实物。

4. 根据所给栅栏尺寸图，如图 2-1-33 所示，使用 3D One Plus 软件建模，并打印栅栏实物。

5. 根据所给笔筒尺寸图，如图 2-1-34 所示，使用 3D One Plus 软件建模，并打印笔筒实物。

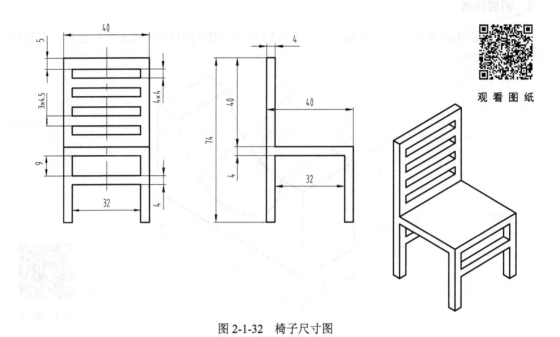

图 2-1-32　椅子尺寸图

观　看　图　纸

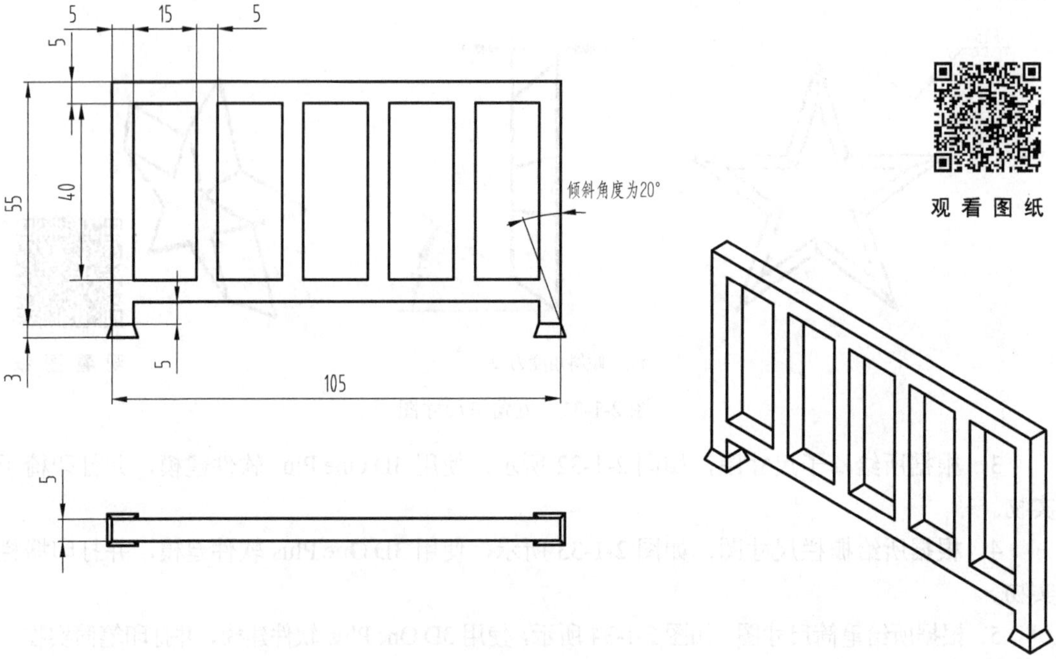

图 2-1-33　栅栏尺寸图

观　看　图　纸

倾斜角度为20°

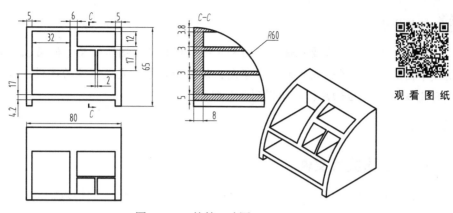

观看图纸

图 2-1-34　笔筒尺寸图

[任务 2] 帽子的建模和打印

学习目标

1. 能够识读帽子零件图。
2. 能够灵活应用旋转命令。
3. 能够完成帽子的建模。
4. 能够使用 3D 打印机打印出帽子的实物。

任务描述

根据所给的帽子尺寸图，如图 2-2-1 所示，使用 3D One Plus 软件建模，并用 3D 打印机打印出帽子实物。

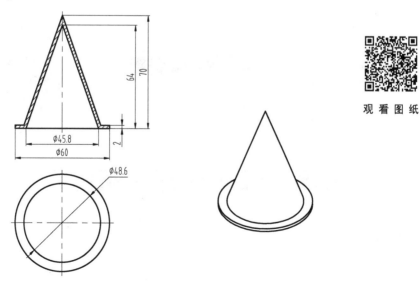

观 看 图 纸

图 2-2-1　帽子尺寸图

📝 **任务分析**

根据任务描述，需要识读帽子的尺寸图，根据尺寸图所给尺寸使用 3D One Plus 软件，创建草图基准面，绘制帽子的二维草图，使用旋转命令完成帽子的建模，将建模文件转换成 STL 文件，最后切片、打印得到帽子实物。

📝 **任务实施**

一、新建保存文件

新建建模文件"帽子.Z1"，并保存在所需的文件夹中，具体步骤和方法已介绍过。

二、帽子建模

帽子的建模分为两个部分，即截面图形的绘制和旋转建模。

1．截面图形的绘制

截面图形的绘制主要是指绘制帽子的轮廓，该轮廓能绕某条旋转轴，通

观 看 视 频

过旋转建模生成帽子实物。绘制过程包括插入基准面、绘制直线等，具体步骤见表 2-2-1。

表 2-2-1　截面图形的绘制

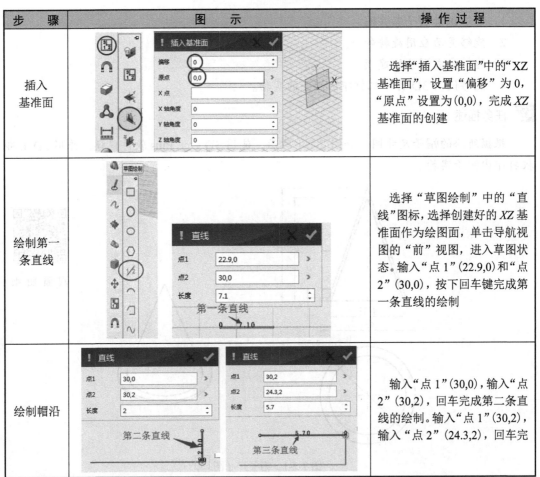

步　骤	图　　示	操 作 过 程
插入基准面		选择"插入基准面"中的"XZ 基准面"，设置"偏移"为 0，"原点"设置为(0,0)，完成 XZ 基准面的创建
绘制第一条直线		选择"草图绘制"中的"直线"图标，选择创建好的 XZ 基准面作为绘制图，单击导航视图的"前"视图，进入草图状态。输入"点 1"(22.9,0)和"点 2"(30,0)，按下回车键完成第一条直线的绘制
绘制帽沿		输入"点 1"(30,0)，输入"点 2"(30,2)，回车完成第二条直线的绘制。输入"点 1"(30,2)，输入"点 2"(24.3,2)，回车完

续表

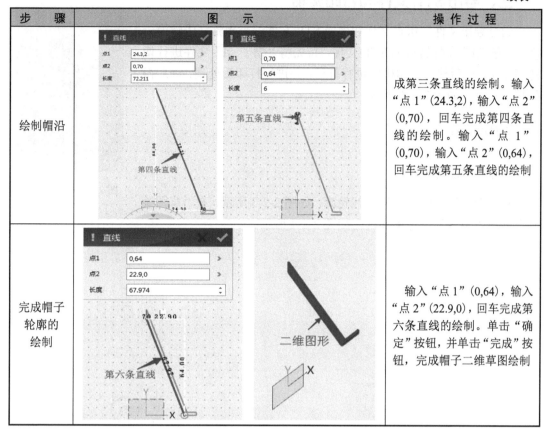

步　骤	图　　示	操 作 过 程
绘制帽沿		成第三条直线的绘制。输入"点 1"(24.3,2)，输入"点 2"(0,70)，回车完成第四条直线的绘制。输入"点 1"(0,70)，输入"点 2"(0,64)，回车完成第五条直线的绘制
完成帽子轮廓的绘制		输入"点 1"(0,64)，输入"点 2"(22.9,0)，回车完成第六条直线的绘制。单击"确定"按钮，并单击"完成"按钮，完成帽子二维草图绘制

2．旋转建模

旋转建模主要是指将帽子的二维轮廓绕旋转轴旋转得到帽子的三维实物，包括选择旋转命令、设置旋转参数等步骤，具体步骤见表 2-2-2。

表 2-2-2　旋转建模

步　骤	图　　示	操 作 过 程
选择旋转命令		选择"特征造型"中的"旋转"图标，设置"旋转"对话框
设置旋转参数		选择帽子的二维草图——草图 4 为"轮廓 P"，选择(0,0,-1)为旋转轴"轴 A"，"旋转类型"默认为 1 边，"起始角度 S"默认为 0，"结束角度 E"默认为 360°（注：在软件中输入时不用输入单位"°"，但文中为表述清晰保留此单位），单击"确定"按钮，完成帽子的旋转建模

三、导出 STL 文件和打印实物

通过导出文件、保存文件和生成 STL 文件三个步骤完成转换，将"帽子.Z1"文件转换为 STL 文件。首先将"帽子.stl"文件进行切片等操作，然后放入打印机中进行打印，并进行打印后处理，最后得到帽子实物，如图 2-2-2 所示。

图 2-2-2　帽子实物

✅ 知识链接

一、直线命令

直线命令用于绘制二维直线轮廓，如图 2-2-3 所示，在"草图绘制"中用"直线"图标来实现，如图 2-2-4 所示。

图 2-2-3　"直线"图标　　　　　　　图 2-2-4　"直线"图标选择

直线的绘制采用两点画直线法，在"草图绘制"中，选择"直线"图标，在"直线"对话框中直接输入需要绘制的直线的两个端点的坐标值，也可以单击"点 1""点 2"右侧的箭头，选择适当的选项进行点的拾取，完成"点 1""点 2"设置后，系统自动计算出直线的长度，如图 2-2-5 所示。

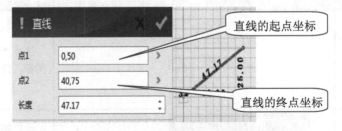

图 2-2-5　"直线"对话框

二、插入基准面命令

基准面是指用于绘制二维图形的平面。在绘制二维图形时，通常根据需要插入绘图基准面。插入基准面命令包括"插入基准面"，"3 点插入基准面"，"XY 平面"，"XZ 平面"和"YZ 平面"命令，对应图标如图 2-2-6 所示。

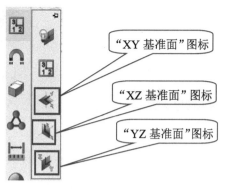

图 2-2-6 插入基准面图标

"XY 基准面""XZ 基准面"和"YZ 基准面"图标的功能是在工作界面上插入笛卡尔坐标系中的 XY 基准面、XZ 基准面和 YZ 基准面。具体操作方法以插入 XZ 基准面为例进行介绍。

在"插入基准面"下选择"XZ 基准面"图标,弹出"插入基准面"对话框,如图 2-2-7 所示。

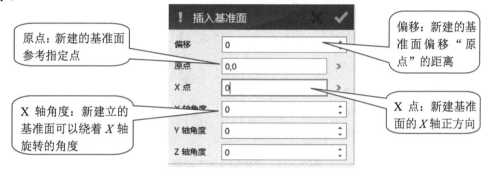

2-2-7 "插入基准面"对话框

设置"原点"和"偏移",构建 XZ 基准面,如图 2-2-8 所示。

"原点"可以直接在对话框内输入,也可以单击"原点"右侧的箭头,在弹出的下拉菜单中选择。"原点"下拉菜单设置如图 2-2-9 所示。

图 2-2-8 设置"原点"和"偏移"

2-2-9 "原点"下拉菜单设置

完成"原点"与"偏移"设置后,单击"X 点"数值框,在原点处会出现坐标盒子,移动光标,可以设置新建基准面的 X 轴正方向,也可以单击"X 点"右侧的箭头,在弹出的下拉菜单中选择。"X 点"设置如图 2-2-10 所示。

图 2-2-10　"X 点"设置

"X 轴角度"是指新建立的基准面绕着 X 轴旋转的角度，若"X 轴角度"设置为 60°，则得到的新建的 XZ 基准面绕 X 轴旋转了 60°，如图 2-2-11 所示。

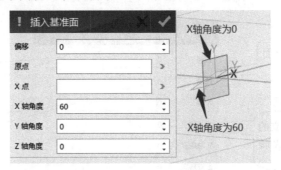

图 2-2-11　"X 轴角度"设置

"Y 轴角度"与"Z 轴角度"的用途与"X 轴角度"类似，有兴趣的读者可以去试试。

三、旋转命令

旋转命令的功能是将已经绘制好的二维图形绕着某一条选定的旋转轴，旋转一定的角度，以得到设计者所需要的三维图形。旋转命令可以用于开放二维图形的旋转和封闭二维图形的旋转。"旋转"图标如图 2-2-12 所示。

旋转命令可以在"特征造型"下选择"旋转"图标来实现，也可以单击二维图形轮廓，在弹出的菜单中选择"旋转"图标来实现，如图 2-2-13 所示。

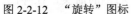

图 2-2-12　"旋转"图标　　　　　　　　图 2-2-13　旋转命令的实现

1．开放二维图形的旋转

开放的二维图形使用旋转命令后得到的是曲面。插入 XZ 基准面，并在 XZ 基准面上绘制起点是(30,20)、终点是(30,0)的直线，完成草图绘制。

单击生成的直线，在弹出的菜单中选择"旋转"命令，设置"旋转"参数，如图 2-2-14 所示。

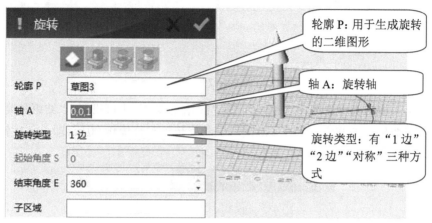

图 2-2-14　"旋转"参数设置

在"轴 A"处可设置旋转轴，将鼠标光标移至基准面原点，根据需要可选择 X 轴、Y 轴和 Z 轴中的任意一条轴作为旋转轴生成旋转件。也可以事先绘制好旋转轴，用鼠标光标进行选择。

"旋转类型"有"1 边""2 边""对称"三种方式，如图 2-2-15 所示。

如果"旋转类型"选择"1 边"，则"起始角度 S"默认为 0，"结束角度 E"可以自由设置，其取值范围是 1°～360°，此时二维图形从 0°开始沿逆时针方向旋转设置的角度，如图 2-2-16 所示。

图 2-2-15　"旋转类型"

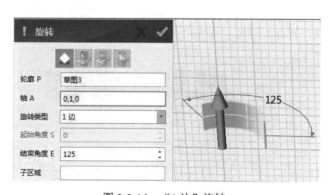

图 2-2-16　"1 边"旋转

如果"旋转类型"选择"2 边"，则"起始角度 S"和"结束角度 E"都可以自由设置，如图 2-2-17 所示。

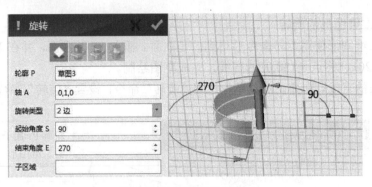

图 2-2-17 "2 边"旋转

如果"旋转类型"选择"对称",则"起始角度 S"不可设置,"结束角度 E"设置为需要旋转的数值,如 90°,此时二维图形绕着旋转轴对称旋转 90°,即总共旋转了 180°,如图 2-2-18 所示。

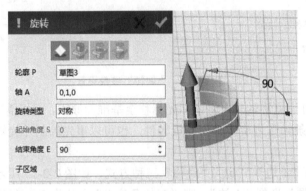

2-2-18 "对称"旋转

2. 封闭二维图形的旋转

若旋转图形是封闭的二维图形,那么旋转后生成的是实体。例如,在 XZ 基准面上绘制矩形,选择工具栏上"特征造型"下的"旋转"图标,或直接单击绘制好的矩形,选择"旋转"图标,弹出"旋转"对话框,选择 X 轴作为旋转轴"轴 A",得到三维实体,如图 2-2-19 所示。

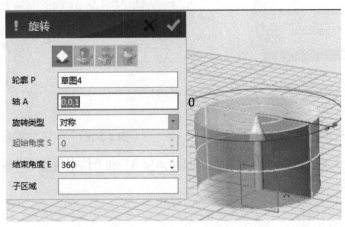

图 2-2-19 封闭二维图形旋转

拓展任务

1. 根据所给的手镯尺寸图,如图 2-2-20 所示,使用 3D One Plus 软件建模,并打印出手镯实物。

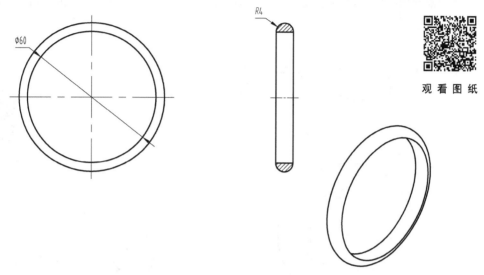

观 看 图 纸

图 2-2-20 手镯尺寸图

2. 根据所给的水杯尺寸图,如图 2-2-21 所示,使用 3D One Plus 软件建模,并打印水杯实物。

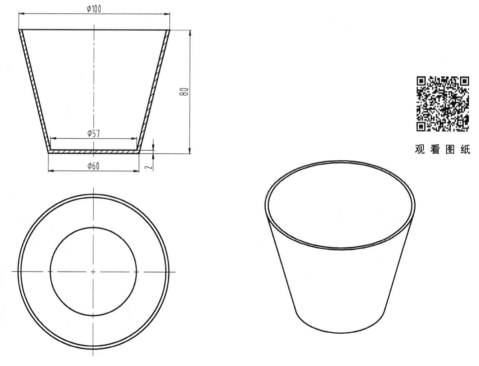

观 看 图 纸

图 2-2-21 水杯尺寸图

3．根据所给的水果盘尺寸图，如图 2-2-22 所示，使用 3D One Plus 软件建模，并打印水果盘实物。

4．根据所给的玩具葫芦尺寸图，如图 2-2-23 所示，使用 3D One Plus 软件建模，并打印玩具葫芦实物。

5．根据所给的玩具沙锤尺寸图，如图 2-2-24 所示，使用 3D One Plus 软件建模，并打印玩具沙锤实物。

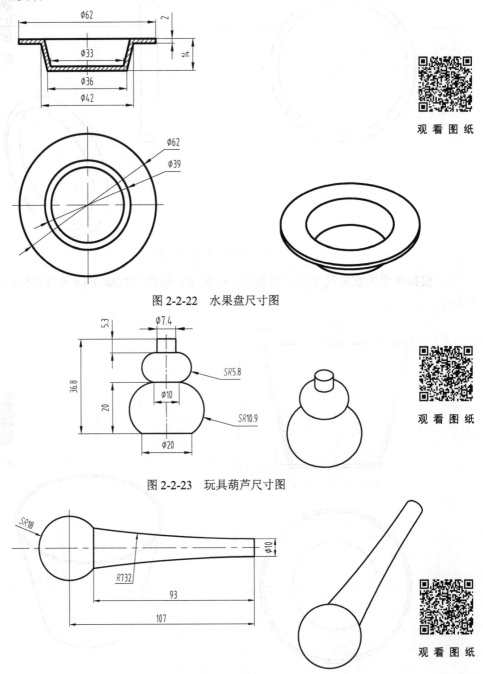

观 看 图 纸

图 2-2-22　水果盘尺寸图

观 看 图 纸

图 2-2-23　玩具葫芦尺寸图

观 看 图 纸

图 2-2-24　玩具沙锤尺寸图

[任务 3] 回形针的建模和打印

学习目标

1. 能够识读回形针尺寸图。
2. 能够灵活应用扫掠命令。
3. 能够完成回形针的建模。
4. 能够使用 3D 打印机打印出回形针的实物。

任务描述

根据所给的回形针尺寸图，如图 2-3-1 所示，使用 3D One Plus 软件建模，并用 3D 打印机打印回形针实物。

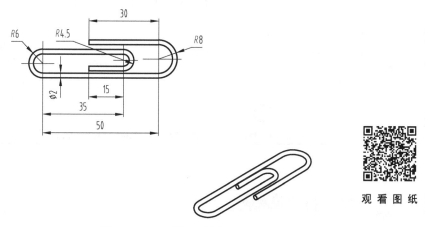

观 看 图 纸

图 2-3-1　回形针尺寸图

任务分析

根据任务描述，需要识读回形针的尺寸图，首先根据尺寸图所给尺寸使用软件完成回形针的建模，然后将建模文件转换成 STL 文件，最后切片、打印得到回形针实物。

任务实施

一、新建保存文件

新建建模文件"回形针.Z1"，并保存在所需的文件夹中。

二、回形针建模

回形针的建模分为两个部分，包括扫掠路径的绘制和扫掠建模。

1. 扫掠路径的绘制

回形针的扫掠路径通过绘制 4 条直线、3 个半圆等步骤完成，具体步骤见表 2-3-1。

观看视频

表 2-3-1　扫掠路径的绘制

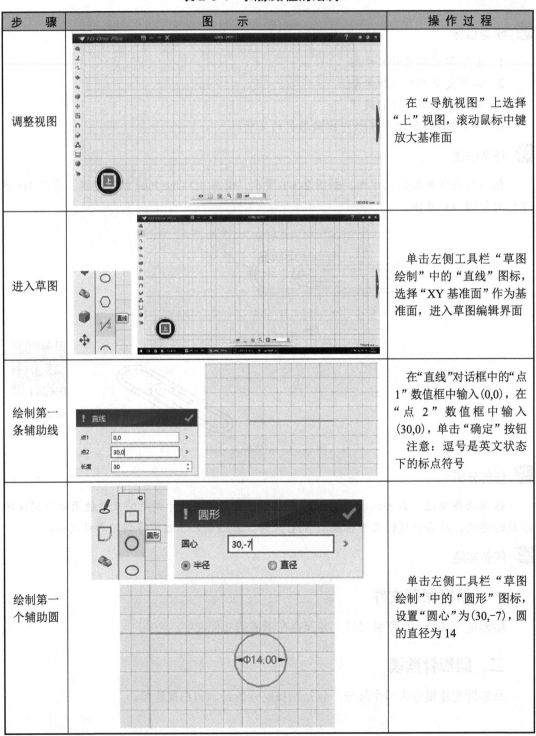

步　骤	图　示	操作过程
调整视图		在"导航视图"上选择"上"视图，滚动鼠标中键放大基准面
进入草图		单击左侧工具栏"草图绘制"中的"直线"图标，选择"XY 基准面"作为基准面，进入草图编辑界面
绘制第一条辅助线		在"直线"对话框中的"点 1"数值框中输入(0,0)，在"点 2"数值框中输入(30,0)，单击"确定"按钮 注意：逗号是英文状态下的标点符号
绘制第一个辅助圆		单击左侧工具栏"草图绘制"中的"圆形"图标，设置"圆心"为(30,-7)，圆的直径为 14

续表

步　骤	图　示	操作过程
绘制第二条辅助线	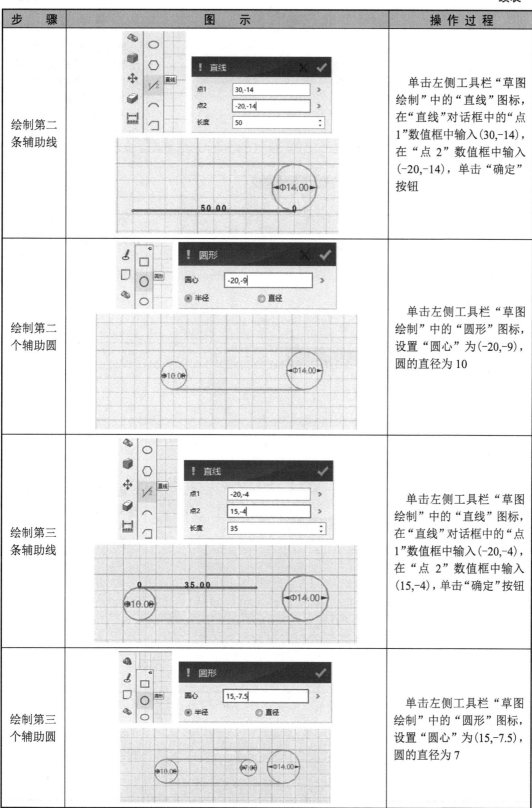	单击左侧工具栏"草图绘制"中的"直线"图标，在"直线"对话框中的"点1"数值框中输入(30,-14)，在"点2"数值框中输入(-20,-14)，单击"确定"按钮
绘制第二个辅助圆		单击左侧工具栏"草图绘制"中的"圆形"图标，设置"圆心"为(-20,-9)，圆的直径为10
绘制第三条辅助线		单击左侧工具栏"草图绘制"中的"直线"图标，在"直线"对话框中的"点1"数值框中输入(-20,-4)，在"点2"数值框中输入(15,-4)，单击"确定"按钮
绘制第三个辅助圆		单击左侧工具栏"草图绘制"中的"圆形"图标，设置"圆心"为(15,-7.5)，圆的直径为7

步　　骤	图　　示	操　作　过　程
绘制第四条辅助线	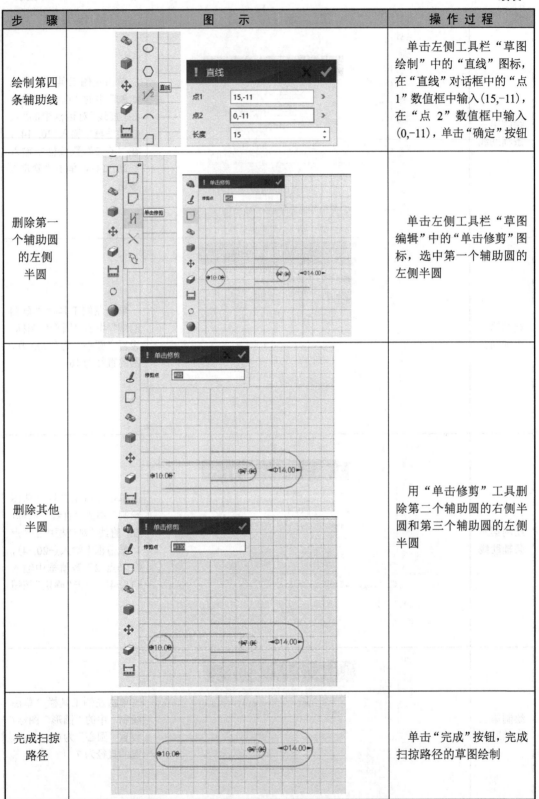	单击左侧工具栏"草图绘制"中的"直线"图标，在"直线"对话框中的"点1"数值框中输入(15,−11)，在"点 2"数值框中输入(0,−11)，单击"确定"按钮
删除第一个辅助圆的左侧半圆		单击左侧工具栏"草图编辑"中的"单击修剪"图标，选中第一个辅助圆的左侧半圆
删除其他半圆		用"单击修剪"工具删除第二个辅助圆的右侧半圆和第三个辅助圆的左侧半圆
完成扫掠路径		单击"完成"按钮，完成扫掠路径的草图绘制

2．扫掠建模

回形针的扫掠建模通过绘制圆、扫掠路径等步骤完成，具体步骤见表 2-3-2。

表 2-3-2 扫掠建模

观 看 视 频

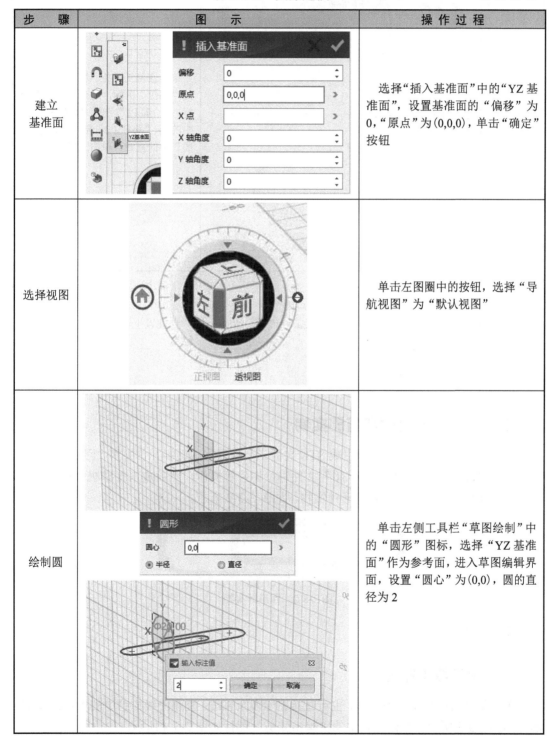

步 骤	图 示	操 作 过 程
建立基准面		选择"插入基准面"中的"YZ 基准面"，设置基准面的"偏移"为0，"原点"为(0,0,0)，单击"确定"按钮
选择视图		单击左图圈中的按钮，选择"导航视图"为"默认视图"
绘制圆		单击左侧工具栏"草图绘制"中的"圆形"图标，选择"YZ 基准面"作为参考面，进入草图编辑界面，设置"圆心"为(0,0)，圆的直径为2

步　　骤	图　　示	操 作 过 程
扫掠路径	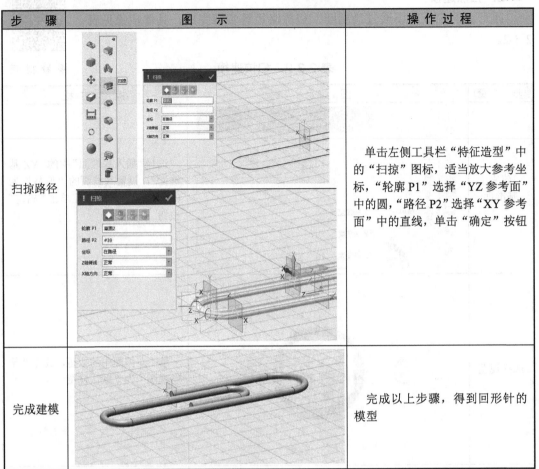	单击左侧工具栏"特征造型"中的"扫掠"图标，适当放大参考坐标，"轮廓 P1"选择"YZ 参考面"中的圆，"路径 P2"选择"XY 参考面"中的直线，单击"确定"按钮
完成建模		完成以上步骤，得到回形针的模型

三、导出 STL 文件和打印实物

　　通过导出文件、保存文件和生成 STL 文件三个步骤完成转换，首先将"回形针.Z1"文件转换为 STL 文件，将"回形针.stl"文件进行切片等操作，然后放入打印机中进行打印，并进行打印后处理，最后得到回形针实物，如图 2-3-2 所示。

图 2-3-2　回形针实物

 **知识链接**

一、单击修剪命令

　　单击修剪命令用于修剪曲线，也可直接删除多余直线。空间曲线描绘中的"单击修剪"图标如图 2-3-3 所示，草图编辑中的"单击修剪"图标如图 2-3-4 所示。

图 2-3-3　空间曲线描绘中的"单击修剪"图标

图 2-3-4　草图编辑中的"单击修剪"图标

"单击修剪"图标在草图左侧工具栏中的"草图编辑"中，单击此图标后将弹出"单击修剪"对话框，如图 2-3-5 所示。

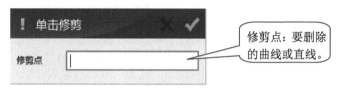

修剪点：要删除的曲线或直线。

图 2-3-5　"单击修剪"对话框

1．空间曲线描绘中的"单击修剪"图标

以 3D 圆和曲线相交为例，如图 2-3-6 所示。用空间曲线描绘中的"单击修剪"图标选择要删除的曲线，如图 2-3-7 所示。单击 B 曲线，效果如图 2-3-8 所示。

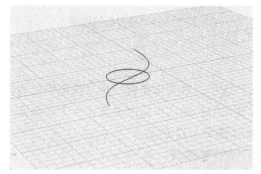

图 2-3-6　3D 圆和曲线相交

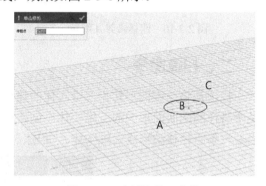

图 2-3-7　选择修剪 B 曲线

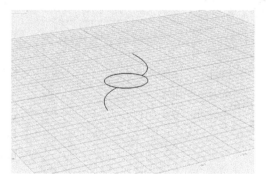

图 2-3-8　修剪后的 3D 圆和曲线相交

2．草图编辑中的"单击修剪"图标

以多条相交的线段为例，如图 2-3-9 所示。用草图编辑中的"单击修剪"图标选择要删除的线段，如图 2-3-10 所示。单击 A 线段，效果如图 2-3-11 所示。

55

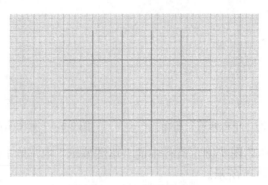

图 2-3-9　多条相交的线段

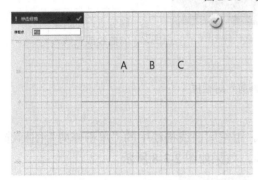

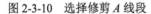

图 2-3-10　选择修剪 *A* 线段

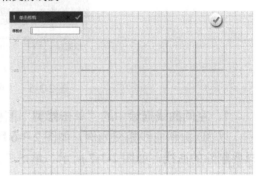

图 2-3-11　修剪后的线段

二、扫掠命令

扫掠是将二维图形转为三维实体的建模方法，这个三维实体是将一个二维图形作为沿某个路径的剖面而形成的三维实体。创建简单或变化的扫掠，实质上就是让一个二维图形沿着一条路径移动形成三维实体。"扫掠"对话框如图 2-3-12 所示。

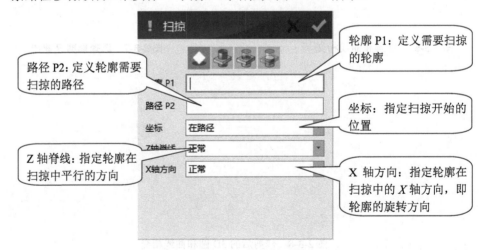

图 2-3-12　"扫掠"对话框

"坐标"选项包括"正常""在轮廓""在路径""选定"4 个参数，如图 2-3-13 所示。

图 2-3-13　"坐标"选项参数

（1）正常：该坐标即轮廓的默认参考坐标。

（2）在轮廓：该坐标建立在轮廓平面与扫掠曲线的交点上。如果未发现相交，则该坐标位于路径的开始点。

（3）在路径：该坐标位于扫掠路径的开始点。

（4）选定：系统会提示选择一个基准面或零件面，其默认参考坐标将用于控制扫掠。参考坐标和被扫掠的实体，理论上连接成一个刚体。

"Z 轴脊线"选项包括"正常""脊线""平行"3 个参数，如图 2-3-14 所示。

（1）正常：Z 轴与路径切向同向。

（2）脊线：Z 轴与选择的曲线切向同向。

（3）平行：Z 轴平行于选定的方向。

"X 轴方向"选项包括"正常""引导平面""X 轴曲线"3 个参数，如图 2-3-15 所示。

图 2-3-14　"Z 轴脊线"选项参数

图 2-3-15　"X 轴方向"选项参数

（1）正常：X 轴限制为最小旋转。

（2）引导平面：X 轴方向是选择方向和 Z 轴方向的叉积方向。

（3）X 轴曲线：从局部坐标系的原点到局部坐标系的 XY 平面与选择曲线的交点。

扫掠命令的布尔运算包括基体、加运算、减运算和交运算 4 种，如图 2-3-16 所示。

图 2-3-16　布尔运算

（1）基体：扫掠的默认模式，扫掠后的实体为独立实体。

（2）加运算：扫掠后得到实体，该实体与其他相连的实体组合成一个新实体。

（3）减运算：删除扫掠后的实体及其他与之重合的部分。

（4）交运算：扫掠后得到的实体与其他实体的重合部分被保留，其余部分被删除。

通过实例来了解这 4 种布尔运算的含义，以圆柱为例，在平面上绘制一个圆柱、一条直线和一个圆，如图 2-3-17 所示，以圆为轮廓，以直线为路径，在进行扫掠操作后，得到不同的实体。

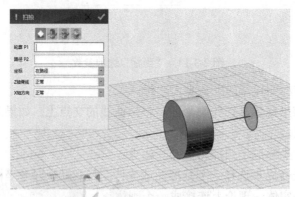

图 2-3-17　扫掠布尔运算实例

在"扫掠"对话框中设置布尔运算为基体，其他属性不变，如图 2-3-18 所示。扫掠后得到两个圆柱的组合实体，如图 2-3-19 所示。

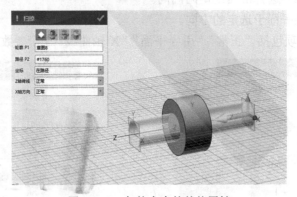

图 2-3-18　扫掠命令的基体属性

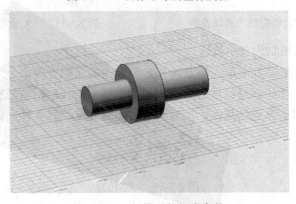

图 2-3-19　扫掠后的组合实体

在"扫掠"对话框中设置布尔运算为加运算，其他属性不变，如图 2-3-20 所示。扫掠后得到两个圆柱的组合实体，如图 2-3-21 所示。

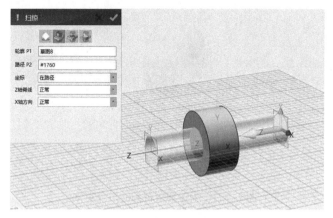

图 2-3-20　扫掠命令的加运算属性

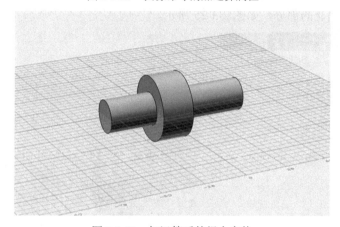

图 2-3-21　加运算后的组合实体

在"扫掠"对话框中设置布尔运算为减运算，其他属性不变，如图 2-3-22 所示。扫掠后得到一个空心圆柱（空心部分是 2 个圆柱体相交的部分），如图 2-3-23 所示。

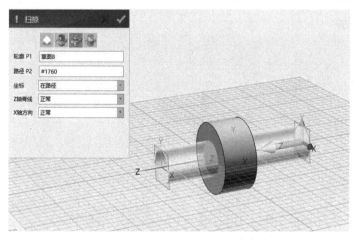

图 2-3-22　扫掠命令的减运算属性

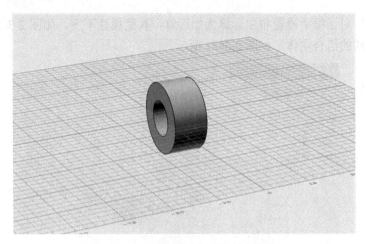

图 2-3-23　减运算后得到的组合实体

　　在"扫掠"对话框中设置布尔运算为交运算，其他属性不变，如图 2-3-24 所示。扫掠后得到两个圆柱相交的部分，如图 2-3-25 所示。

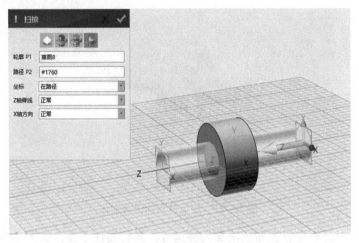

图 2-3-24　扫掠命令的交运算属性

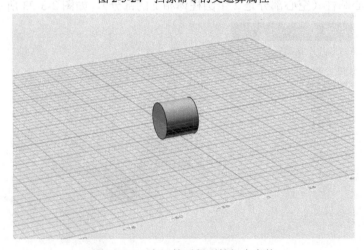

图 2-3-25　交运算后得到的组合实体

拓展任务

1. 根据所给吸管尺寸图，如图 2-3-26 所示，使用 3D One Plus 软件建模，并打印吸管实物。

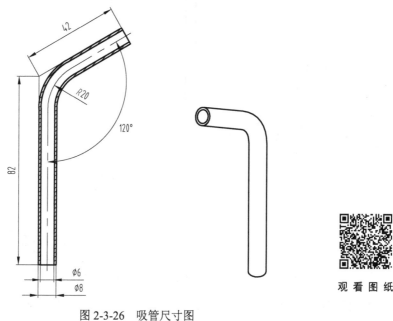

观看图纸

图 2-3-26　吸管尺寸图

2. 根据所给衣架尺寸图，如图 2-3-27 所示，使用 3D One Plus 软件建模，并打印衣架实物。

观看图纸

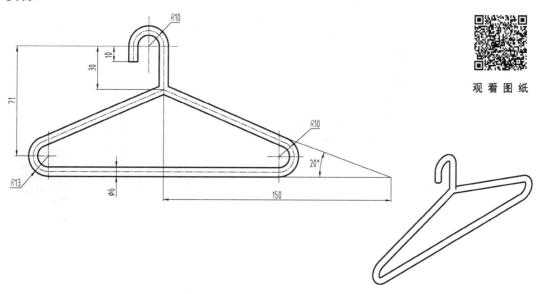

图 2-3-27　衣架尺寸图

3. 根据所给挂钩尺寸图，如图 2-3-28 所示，使用 3D One Plus 软件建模，并打印挂钩实物。

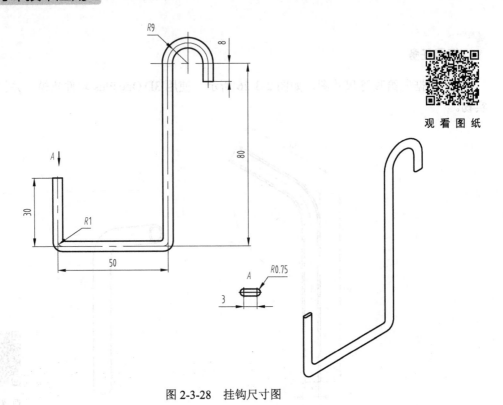

观 看 图 纸

图 2-3-28　挂钩尺寸图

4．根据所给背包扣尺寸图，如图 2-3-29 所示，使用 3D One Plus 软件建模，并打印背包扣实物。

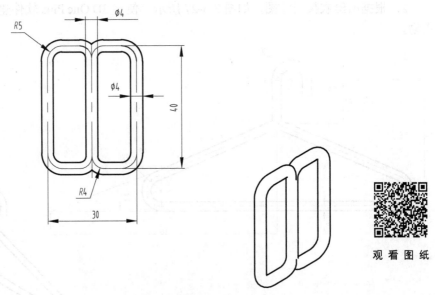

观 看 图 纸

图 2-3-29　背包扣尺寸图

5．根据所给螺丝尺寸图，如图 2-3-30 所示，使用 3D One Plus 软件建模，并打印螺丝实物。（提示：在圆柱上绘制螺纹线作为扫掠路径，匝数设置为 9）

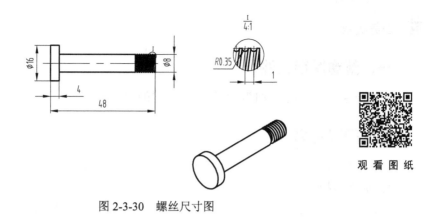

图 2-3-30 螺丝尺寸图

观看图纸

任务 4 门牌的建模和打印

学习目标

1. 能够识读门牌尺寸图。
2. 能够灵活应用文字命令。
3. 能够灵活应用圆角命令。
4. 能够完成门牌的建模。
5. 能够使用 3D 打印机打印出门牌的实物。

任务描述

根据所给的门牌尺寸图，如图 2-4-1 所示，门牌上文字要求为黑体、6 号字，使用 3D One Plus 软件建模，并用 3D 打印机打印门牌实物。

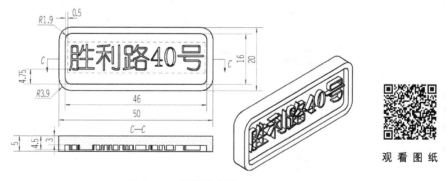

图 2-4-1 门牌尺寸图

观看图纸

任务分析

根据任务描述，需要识读门牌的尺寸图，首先根据尺寸图所给尺寸使用软件完成门牌的建模，门牌的建模包括底牌和文字建模两个部分，然后将建模文件转换成 STL 文件，最后切片、打印得到门牌实物。

✏ 任务实施

一、新建保存文件

新建建模文件"门牌.Z1",并保存在所需的文件夹中。

二、门牌建模

门牌的建模分为两个部分,包括底牌建模和文字建模。

观看视频

1. 底牌建模

底牌建模通过绘制长方体、顶面边沿拉伸和倒圆角等步骤完成,具体步骤见表 2-4-1。

表 2-4-1　底牌建模

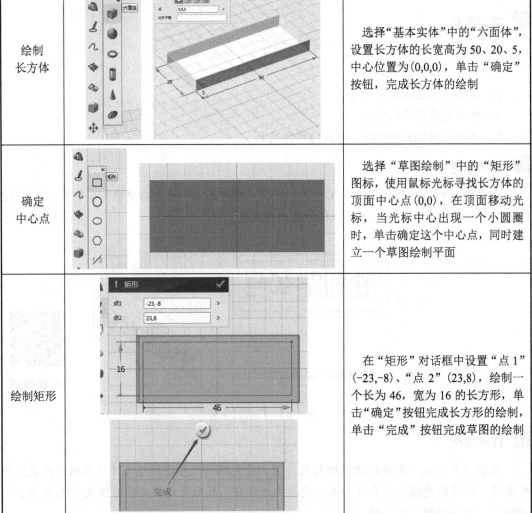

步　骤	图　示	操 作 过 程
绘制长方体		选择"基本实体"中的"六面体",设置长方体的长宽高为 50、20、5,中心位置为(0,0,0),单击"确定"按钮,完成长方体的绘制
确定中心点		选择"草图绘制"中的"矩形"图标,使用鼠标光标寻找长方体的顶面中心点(0,0),在顶面移动光标,当光标中心出现一个小圆圈时,单击确定这个中心点,同时建立一个草图绘制平面
绘制矩形		在"矩形"对话框中设置"点 1"(−23,−8)、"点 2"(23,8),绘制一个长为 46,宽为 16 的长方形,单击"确定"按钮完成长方形的绘制,单击"完成"按钮完成草图的绘制

续表

步　骤	图　示	操 作 过 程
顶面边沿拉伸	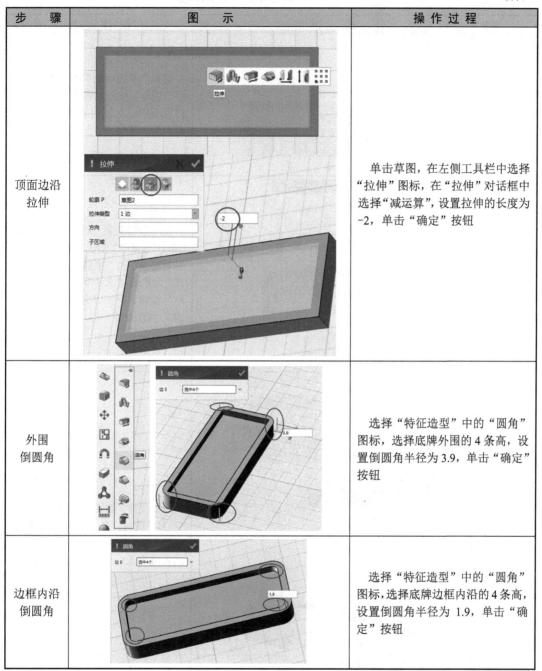	单击草图，在左侧工具栏中选择"拉伸"图标，在"拉伸"对话框中选择"减运算"，设置拉伸的长度为−2，单击"确定"按钮
外围倒圆角		选择"特征造型"中的"圆角"图标，选择底牌外围的4条高，设置倒圆角半径为3.9，单击"确定"按钮
边框内沿倒圆角		选择"特征造型"中的"圆角"图标，选择底牌边框内沿的4条高，设置倒圆角半径为1.9，单击"确定"按钮

2．文字建模

文字建模主要完成门牌上文字的绘制，通过绘制文字、拉伸文字等步骤来完成，具体步骤见表2-4-2。

观 看 视 频

表 2-4-2　文字建模

步　骤	图　示	操 作 过 程
确定中心点	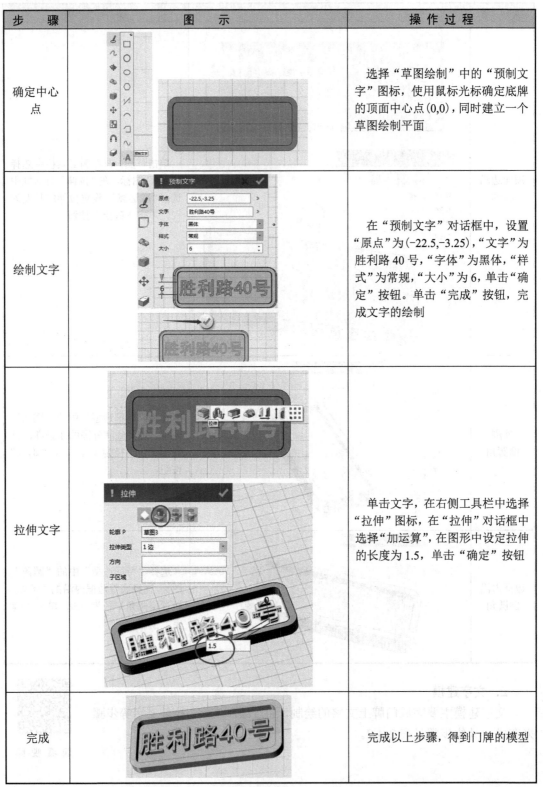	选择"草图绘制"中的"预制文字"图标，使用鼠标光标确定底牌的顶面中心点(0,0)，同时建立一个草图绘制平面
绘制文字		在"预制文字"对话框中，设置"原点"为(-22.5,-3.25)，"文字"为胜利路 40 号，"字体"为黑体，"样式"为常规，"大小"为 6，单击"确定"按钮。单击"完成"按钮，完成文字的绘制
拉伸文字		单击文字，在右侧工具栏中选择"拉伸"图标，在"拉伸"对话框中选择"加运算"，在图形中设定拉伸的长度为 1.5，单击"确定"按钮
完成		完成以上步骤，得到门牌的模型

三、导出 STL **文件和打印实物**

通过导出文件、保存文件和生成 STL 文件三个步骤完成转换，将"门牌.Z1"文件转换为 STL 文件。首先将"门牌.stl"文件进行切片等操作，然后放入打印机中进行打印，并进行打印后处理，最后得到门牌实物，如图 2-4-2 所示。

图 2-4-2　门牌实物

 知识链接

一、**预制文字命令**

预制文字命令的功能是绘制文字，并对绘制的文字进行字体、样式和大小等调整。"预制文字"图标如图 2-4-3 所示。

图 2-4-3　"预制文字"图标

"预制文字"图标在左侧工具栏中的"草图绘制"中，单击此图标后将弹出"预制文字"对话框，对话框中包括原点、文字、字体、样式和大小等属性，如图 2-4-4 所示。

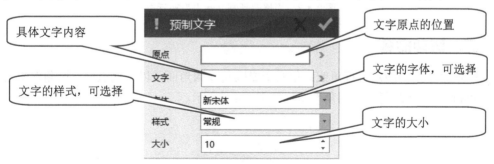

图 2-4-4　"预制文字"对话框

原点是指文字左下角的定位点位置，如图 2-4-5 所示。

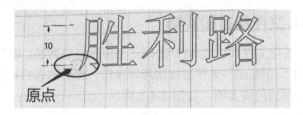

图 2-4-5　预制文字的原点

字体包括新宋体、微软雅黑、宋体等多种字体，单击下拉框可以选择所需的字体，如图 2-4-6 所示。

样式包括常规、倾斜、加粗和加粗倾斜四种选择，如图 2-4-7 所示。

图 2-4-6　预制文字的字体

图 2-4-7　预制文字的样式

绘制好的文字可以修改，双击文字，打开"修改预制文字串"对话框，在对话框中设置文字内容、字体、样式和尺寸等属性可以修改绘制好的文字，如图 2-4-8 所示。

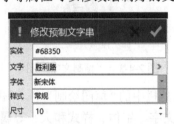

图 2-4-8　"修改预制文字串"对话框

二、圆角命令

圆角命令的功能是将直角或直角面变成圆角或圆角面，以美化造型，圆角对象包括二维曲线和三维曲线两种。"圆角"图标如图 2-4-9 所示。

图 2-4-9　"圆角"图标

根据不同对象，"圆角"图标的选择方式不一样。对于二维曲线的圆角，可通过"草图编辑"中的"圆角"图标来实现，如图 2-4-10 所示。对于三维曲线的圆角，则通过"特征造型"中的"圆角"图标来实现，如图 2-4-11 所示。

图 2-4-10 二维曲线"圆角"图标的选择

图 2-4-11 三维曲线"圆角"图标的选择

1．二维曲线的圆角

对于二维曲线对象，选择"草图编辑"中的"圆角"图标后，弹出"圆角"对话框，在对话框中设置圆角的属性完成二维图形的圆角。"圆角"对话框包括曲线和半径属性，如图 2-4-12 所示。

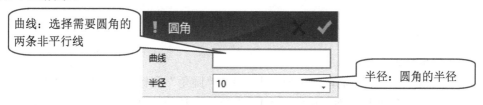

图 2-4-12 二维曲线的"圆角"对话框

以 90°直线为例，绘制一个矩形，选择两条边，设置半径为 3，其效果如图 2-4-13 所示。注意设置的半径不能大于边的长度。

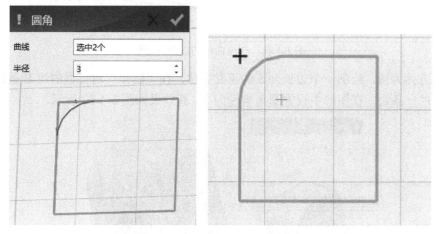

图 2-4-13 90°直线的圆角设置及效果

多边形的圆角类似，绘制一个多边形，选择两条边，设置半径为 3，其效果如图 2-4-14 所示。

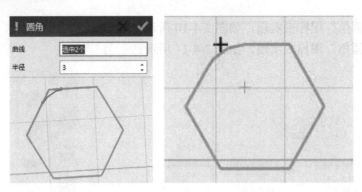

图 2-4-14　多边形直线的圆角设置及效果

弧线也可以进行圆角操作，以圆弧为例，绘制两个半径分别为 5 和 3 的半圆弧，选择这两个半圆弧，设置半径为 2，其效果如图 2-4-15 所示。

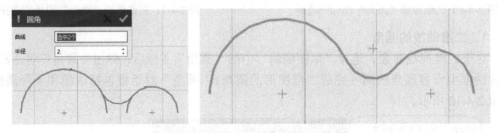

图 2-4-15　半圆弧的圆角设置及效果

2．三维曲线的圆角

对于三维曲线对象，选择"特征造型"中的"圆角"图标后，弹出"圆角"对话框，"圆角"对话框仅有边 E 属性，如图 2-4-16 所示。边 E 属性是用来设置需要圆角的两个面的交界线的，圆角的半径需要在图形中设置。

图 2-4-16　三维曲线的圆角对话框

以立方体为例，绘制一个边长为 5 的正立方体，在"圆角"对话框的边 E 属性中选择正立方体的一条边，在图形中设置圆角半径为 2，其效果如图 2-4-17 所示。

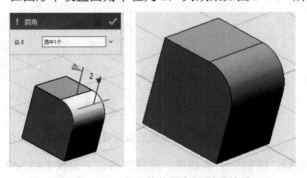

图 2-4-17　正立方体的圆角设置及效果

拓展任务

1. 根据所给福字吊坠尺寸图，如图 2-4-18 所示，福字吊坠的"福"字要求为宋体、11号，使用 3D One Plus 软件建模，并打印福字吊坠实物。

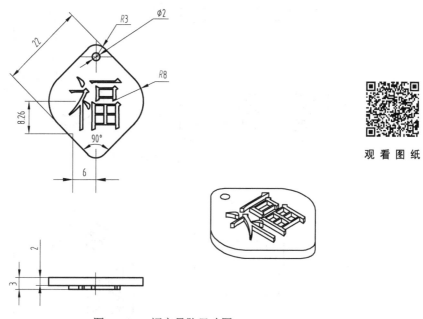

观 看 图 纸

图 2-4-18　福字吊坠尺寸图

2. 根据所给座位牌尺寸图，如图 2-4-19 所示，座位牌上的"嘉宾席"文字要求为黑体、42 号、加粗，使用 3D One Plus 软件建模，并打印座位牌实物。

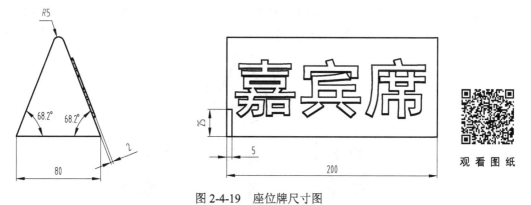

观 看 图 纸

图 2-4-19　座位牌尺寸图

3. 根据所给印章尺寸图，如图 2-4-20 所示，印章上的"工作室"文字要求为楷体、14号，使用 3D One Plus 软件建模，并打印印章实物。

4. 根据所给骰子尺寸图，如图 2-4-21 所示，骰子六个面上的文字分别为一、二、三、四、五、六，其文字要求为微软雅黑、12 号、加粗，文字凹陷深度为 0.5，使用 3D One Plus 软件建模，并打印骰子实物。

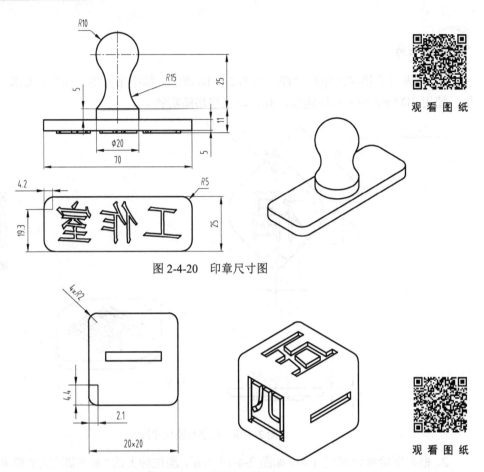

图 2-4-20　印章尺寸图

图 2-4-21　骰子尺寸图

5. 根据所给宣传柱尺寸图，如图 2-4-22 所示，宣传柱三个面上的文字为 24 字社会主义核心价值观，其文字要求为楷体、20 号，使用 3D One Plus 软件建模，并打印宣传柱实物。

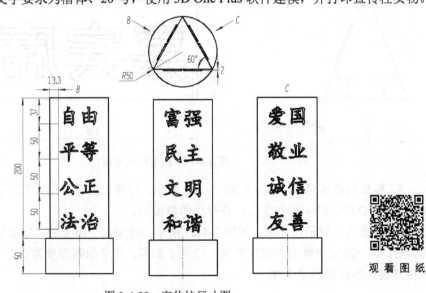

图 2-4-22　宣传柱尺寸图

[任务 5] 花瓶的建模和打印

学习目标

1. 能够识读花瓶尺寸图。
2. 能够灵活应用放样命令。
3. 能够完成花瓶的建模。
4. 能够使用 3D 打印机打印出花瓶的实物。

任务描述

根据所给的花瓶尺寸图，如图 2-5-1 所示，使用 3D One Plus 软件建模，并用 3D 打印机打印花瓶实物。

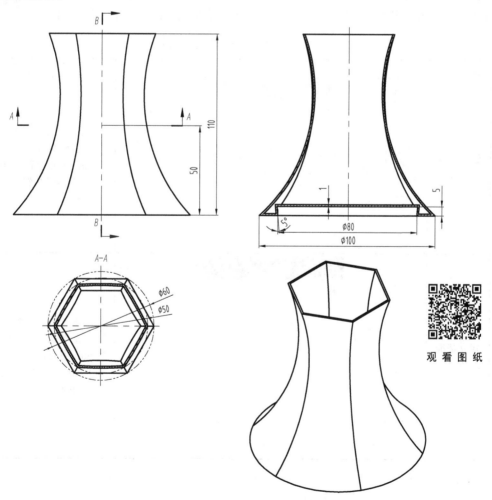

观看图纸

图 2-5-1 花瓶尺寸图

任务分析

根据任务描述，需要识读花瓶的尺寸图，首先根据尺寸图所给尺寸使用软件完成花瓶的建模，花瓶的建模包括基准图形绘制和外形建模两个部分，然后将建模文件转换成 STL 文件，最后切片、打印得到花瓶实物。

任务实施

一、新建保存文件

新建建模文件"花瓶.Z1"，并保存在所需的文件夹中。

二、花瓶建模

花瓶的建模分为两个部分，包括基准图形绘制和外形建模。

1．基准图形绘制

基准图形绘制是指绘制基准图形，包括 1 个圆和 2 个正六边形。基准图形的绘制通过建立基准面、绘制圆和正六边形等步骤完成，具体步骤见表 2-5-1。

观看视频

表 2-5-1　基准图形绘制

步　骤	图　示	操作过程
建立基准面 1	插入基准面 偏移　50 原点 X 点 X 轴角度　0 Y 轴角度　0 Z 轴角度　0	选择"插入基准面"中的"XY 基准面"，设置"偏移"为 50，中心位置为 (0,0,0)，单击"确定"按钮，完成基准面 1 的建立
建立基准面 2	插入基准面 偏移　60 原点　0,0,50 X 点 X 轴角度　0 Y 轴角度　0 Z 轴角度　0	选择"插入基准面"中的"XY 基准面"，设置"偏移"为 60，中心位置为 (0,0,50)，单击"确定"按钮，完成基准面 2 的建立

续表

步　　骤	图　　示	操 作 过 程
绘制圆形	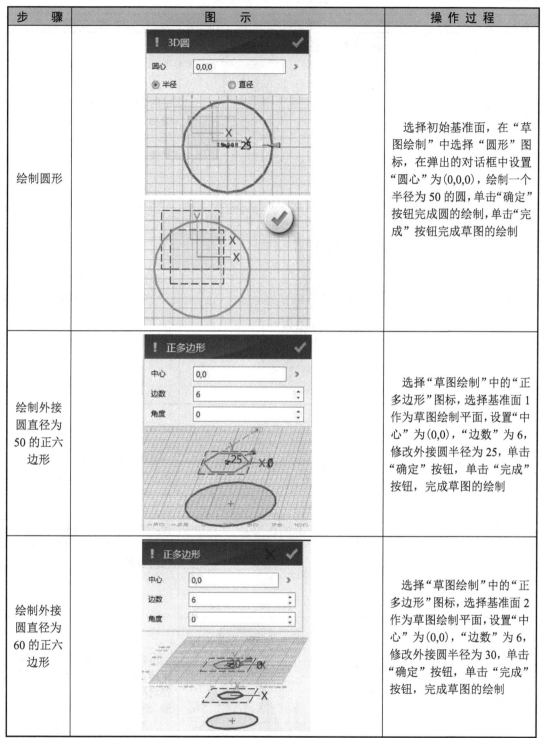	选择初始基准面，在"草图绘制"中选择"圆形"图标，在弹出的对话框中设置"圆心"为(0,0,0)，绘制一个半径为50的圆，单击"确定"按钮完成圆的绘制，单击"完成"按钮完成草图的绘制
绘制外接圆直径为50的正六边形		选择"草图绘制"中的"正多边形"图标，选择基准面1作为草图绘制平面，设置"中心"为(0,0)，"边数"为6，修改外接圆半径为25，单击"确定"按钮，单击"完成"按钮，完成草图的绘制
绘制外接圆直径为60的正六边形		选择"草图绘制"中的"正多边形"图标，选择基准面2作为草图绘制平面，设置"中心"为(0,0)，"边数"为6，修改外接圆半径为30，单击"确定"按钮，单击"完成"按钮，完成草图的绘制

2.外形建模

外形建模主要是指通过放样命令，在三个草图之间进行连接生成花瓶外形，具体步骤见表2-5-2。

表 2-5-2　外形建模

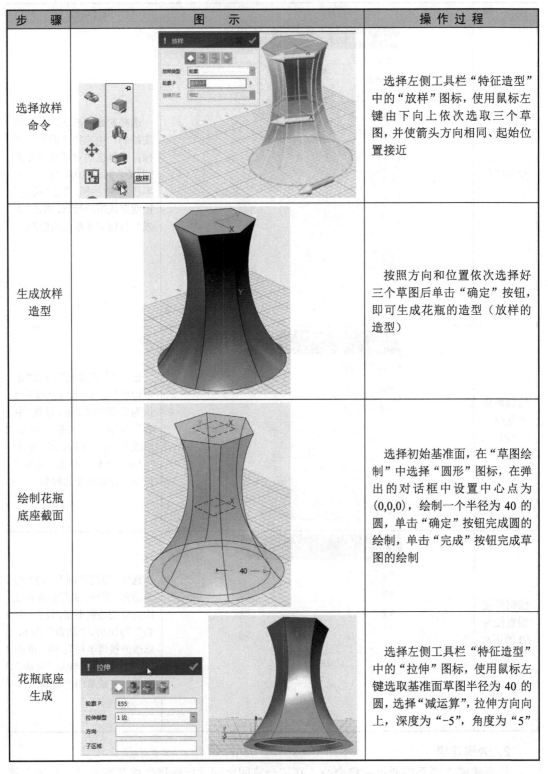

步　骤	图　示	操作过程
选择放样命令		选择左侧工具栏"特征造型"中的"放样"图标，使用鼠标左键由下向上依次选取三个草图，并使箭头方向相同、起始位置接近
生成放样造型		按照方向和位置依次选择好三个草图后单击"确定"按钮，即可生成花瓶的造型（放样的造型）
绘制花瓶底座截面		选择初始基准面，在"草图绘制"中选择"圆形"图标，在弹出的对话框中设置中心点为(0,0,0)，绘制一个半径为40的圆，单击"确定"按钮完成圆的绘制，单击"完成"按钮完成草图的绘制
花瓶底座生成		选择左侧工具栏"特征造型"中的"拉伸"图标，使用鼠标左键选取基准面草图半径为40的圆，选择"减运算"，拉伸方向向上，深度为"-5"，角度为"5"

续表

步　　骤	图　　示	操 作 过 程
花瓶薄壁的生成	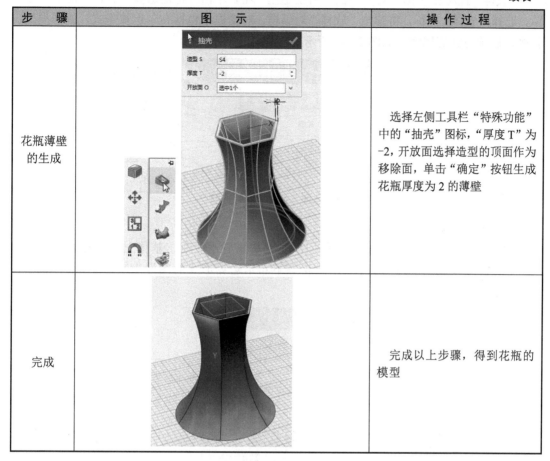	选择左侧工具栏"特殊功能"中的"抽壳"图标，"厚度 T"为 -2，开放面选择造型的顶面作为移除面，单击"确定"按钮生成花瓶厚度为 2 的薄壁
完成		完成以上步骤，得到花瓶的模型

三、导出 STL 文件和打印实物

　　通过导出文件、保存文件和生成 STL 文件三个步骤完成转换，将"花瓶.Z1"文件转换为 STL 文件。首先将"花瓶.stl"文件进行切片等操作，然后放入打印机中进行打印，并进行打印后处理，最后得到花瓶实物，如图 2-5-2 所示。

图 2-5-2　花瓶实物

知识链接

一、放样命令

　　放样命令的功能是将一个二维形体的对象作为沿某个路径的剖面，而形成复杂的三维对象，在同一路径上可在不同的段给予不同的形体。"放样"图标如图 2-5-3 所示。

图 2-5-3　"放样"图标

77

"放样"图标在左侧工具栏中的"特征造型"中，单击"特征造型"后将弹出下一级菜单，选择"放样"图标，将弹出"放样"对话框，对话框中包括布尔运算形式、放样类型、轮廓、连续方式等属性，如图 2-5-4 所示。

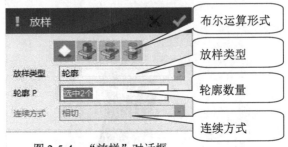

图 2-5-4 "放样"对话框

1. 布尔运算形式

（1）基体具有首次生成的基础特征，生成基体后才能在该基体上进行加、减及交运算。图形首次生成的实体即基体，在此状态下布尔运算形式的图标为暗色不可选择状态，如图 2-5-5 所示。

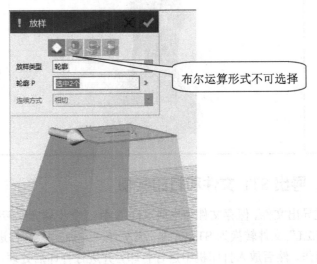

图 2-5-5 布尔运算基体状态

（2）加运算是指在原有基体的基础上增加另外的实体，基体与增加的实体合并在一起，如图 2-5-6 所示。

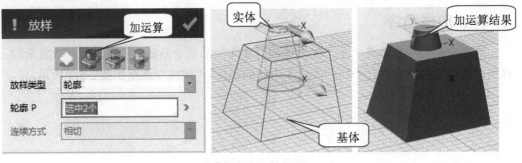

图 2-5-6 加运算

（3）减运算是指在原有基体的基础上切除另外的实体，得到的结果如图 2-5-7 所示。

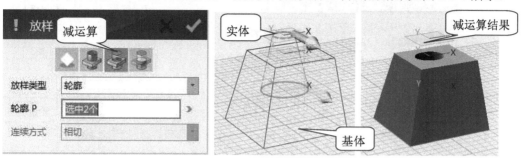

图 2-5-7　减运算

（4）交运算是指原有基体与另外的实体相交得到基体与实体共同部分，得到的结果如图 2-5-8 所示。

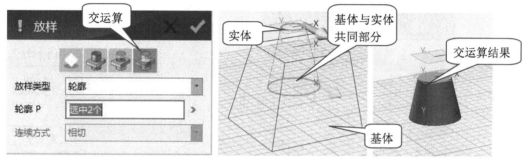

图 2-5-8　交运算

2. 放样类型包括轮廓，起点和轮廓，终点和轮廓，起点、轮廓和终点 4 种形式。

（1）轮廓是指两个平行的封闭轮廓之间通过放样形成一个上下底面轮廓不同的实体，如图 2-5-9 所示。

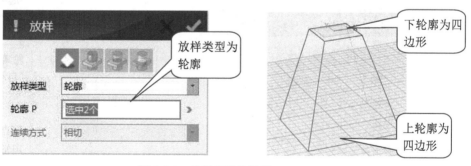

图 2-5-9　放样类型为轮廓

（2）起点和轮廓是指一个封闭轮廓和一个起点之间通过放样形成实体，如图 2-5-10 所示。

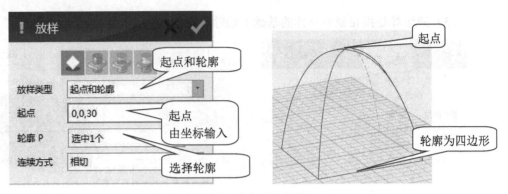

图 2-5-10　放样类型为起点和轮廓

（3）终点和轮廓是指一个封闭轮廓和一个起点之间通过放样形成实体，如图 2-5-11所示。

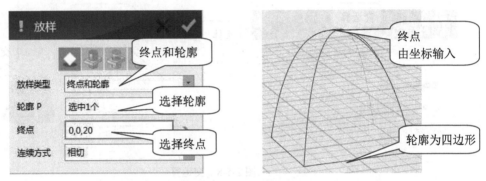

图 2-5-11　放样类型为终点和轮廓

（4）起点、轮廓和终点是指一个封闭轮廓和起点、终点之间通过放样形成实体，如图 2-5-12 所示。

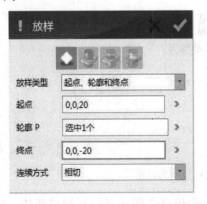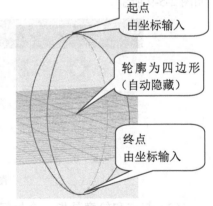

图 2-5-12　放样类型为起点、轮廓和终点

3．轮廓放样

放样所形成的图形主要有以下三种形式：

（1）如图 2-5-13 所示，放样的截面为三个，且三个截面之间存在不同的高度差，三个截面图形的边数相等，图 2-5-13 的三个截面都是六边形。

（2）如图 2-5-14 所示，放样的截面为三个，且三个截面之间存在不同的高度差，三个截面图形的边数不相等，图 2-5-14 的三个截面由下至上分别为圆、六边形、六边形。

（3）如图 2-5-15 所示，放样的截面为三个，且三个截面之间存在不同的高度差，三个截面图形的边数不相等，图 2-5-15 的三个截面由下至上分别为六边形、五边形、四边形。

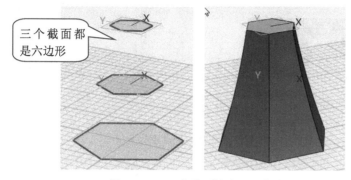

图 2-5-13　三个截面轮廓不同的放样

图 2-5-14　三个截面两个轮廓相同的放样

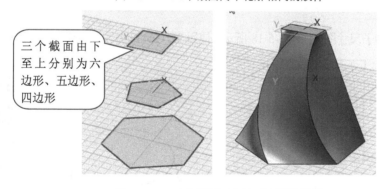

图 2-5-15　三个截面三个轮廓不同的放样

二、抽壳命令

抽壳命令的功能是将实体零件掏空，使选择的面敞开，并在剩余的面上生成薄壁特征。如果不选择敞开面，则会生成外形是封闭薄壁、内部掏空的特征。

抽壳是指选择实体为抽壳体，选择实体的要移除面为开放面。以六面体为例，抽壳的基本形式如图 2-5-16、2-5-17 所示。

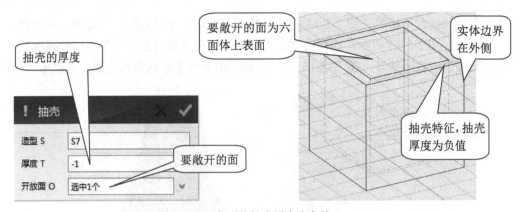

图 2-5-16　六面体抽壳厚度为负值

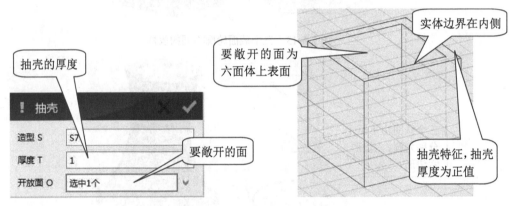

图 2-5-17　六面体抽壳厚度为正值

拓展任务

1. 根据所给凳子尺寸图，如图 2-5-18 所示，使用 3D One Plus 软件建模，并打印凳子实物。

观 看 图 纸

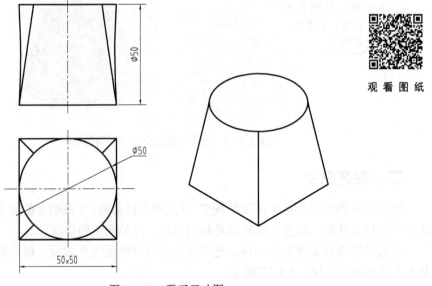

图 2-5-18　凳子尺寸图

2．根据所给水杯尺寸图，如图 2-5-19 所示，使用 3D One Plus 软件建模，并打印水杯实物。

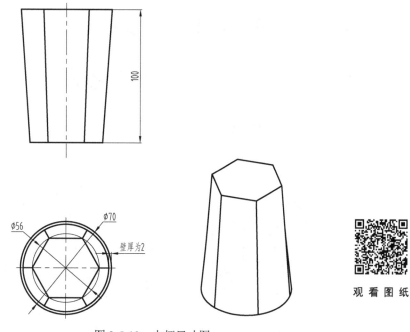

图 2-5-19　水杯尺寸图

3．根据所给旋钮尺寸图，如图 2-5-20 所示，使用 3D One Plus 软件建模，并打印旋钮实物。

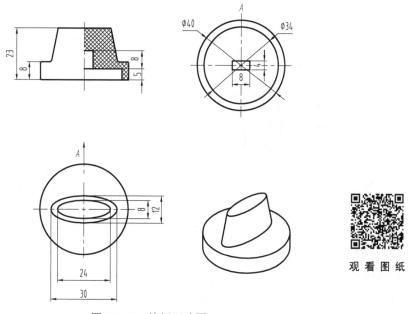

图 2-5-20　旋钮尺寸图

4．根据所给停车路锥尺寸图，如图 2-5-21 所示，使用 3D One Plus 软件建模，并打印停车路锥实物。

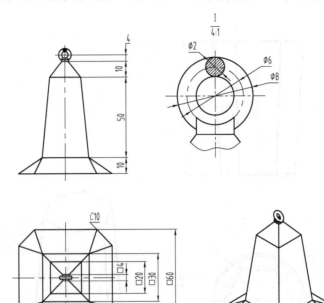

图 2-5-21 停车路锥尺寸图

观 看 图 纸

5. 根据所给分酒器尺寸图，如图 2-5-22 所示，使用 3D One Plus 软件建模，并打印分酒器实物。

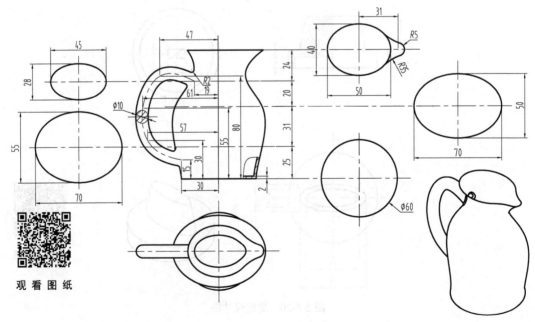

观 看 图 纸

图 2-5-22 分酒器尺寸图

项目评价

　　通过本项目的学习，我们学习了简单物体的建模和打印，请花一点时间进行总结，回顾自己哪些方面得到了提升，哪些方面仍需要加油，在自我评价的基础上，还可以让教师或同学进行评价，这样评价就更客观了。请填写项目评价表，见表 2-6-1。

表 2-6-1　项目评价表

序号	内容	自我评价			他人评价		
		优秀	学会	需要加油	优秀	学会	需要加油
1	水管的建模和打印						
2	帽子的建模和打印						
3	回形针的建模和打印						
4	门牌的建模和打印						
5	花瓶的建模和打印						
自我体会（有哪些收获、哪些不足）：							
小组对你的评价（技能操作、学习方面）：							
教师对你的评价（技能操作、学习方面）：							

项目三

零件的建模和打印

学习目标

1. 能够使用 3D One Plus 软件建模并使用 3D 打印机打印出弯管模型的实物。
2. 能够使用 3D One Plus 软件建模并使用 3D 打印机打印出发条模型的实物。
3. 能够使用 3D One Plus 软件建模并使用 3D 打印机打印出拨盘模型的实物。
4. 能够使用 3D One Plus 软件建模并使用 3D 打印机打印出开关面板模型的实物。
5. 能够使用 3D One Plus 软件建模并使用 3D 打印机打印出风扇叶模型的实物。

项目描述

根据所给的弯管、发条、拨盘、开关面板和风扇叶等零件的尺寸图使用 3D One Plus 软件中的相关工具进行建模，将得到的 Z1 文件导出为 STL 文件，再将 STL 文件加载到 3D 打印软件系统中进行切片，并用 3D 打印机打印模型实物，最后进行简单的处理得到光滑的模型实物。

项目分析

根据项目描述，打印实物大致需要进行 3D One Plus 软件建模、切片、打印和打印后处理等步骤。建模过程需要使用 3D One Plus 软件的扫掠命令、螺旋线命令、偏移曲线命令、拔模命令、镜像命令、抽壳命令、阵列命令等。

任务 1 弯管的建模和打印

学习目标

1. 能够识读弯管零件图。
2. 能够灵活应用标识、约束命令。
3. 能够完成弯管的建模。
4. 能够使用 3D 打印机打印出弯管的实物。

任务描述

根据所给的弯管零件图，如图 3-1-1 所示，使用 3D One Plus 软件建模，并用 3D 打印机打印弯管实物。

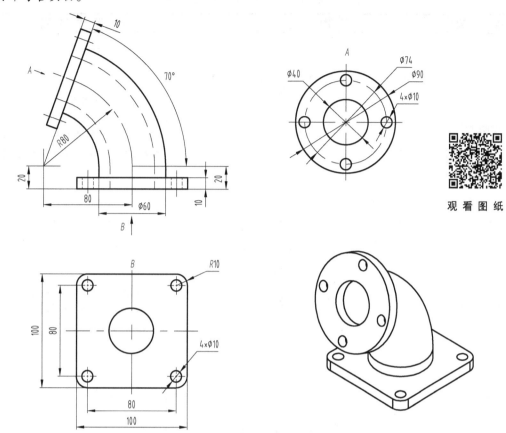

图 3-1-1 弯管零件图

📝 **任务分析**

根据任务描述，需要识读弯管的零件图，首先根据零件图所给尺寸使用软件完成弯管的建模，弯管的建模包括方形法兰盘建模、管道建模和圆形法兰盘建模三个部分，然后将建模文件转换成 STL 文件，最后切片、打印得到弯管实物。

📝 **任务实施**

一、新建保存文件

新建建模文件"弯管.Z1"，并保存在所需的文件夹中。

二、弯管建模

弯管的建模分为三个部分，包括方形法兰盘建模、管道建模和圆形法兰盘建模。

1. 方形法兰盘建模

方形法兰盘的建模通过绘制一个圆角矩形、绘制一个大圆和一个小圆、阵列小圆、拉伸等步骤完成，具体步骤见表 3-1-1。

观 看 视 频

表 3-1-1　方形法兰盘建模

步　　骤	图　　示	操 作 过 程
绘制矩形	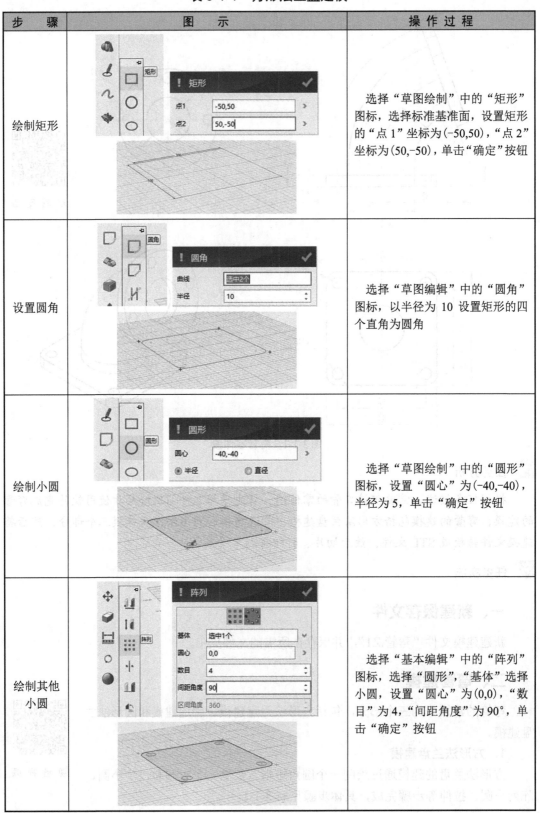	选择"草图绘制"中的"矩形"图标，选择标准基准面，设置矩形的"点 1"坐标为(-50,50)，"点 2"坐标为(50,-50)，单击"确定"按钮
设置圆角		选择"草图编辑"中的"圆角"图标，以半径为 10 设置矩形的四个直角为圆角
绘制小圆		选择"草图绘制"中的"圆形"图标，设置"圆心"为(-40,-40)，半径为 5，单击"确定"按钮
绘制其他小圆		选择"基本编辑"中的"阵列"图标，选择"圆形"，"基体"选择小圆，设置"圆心"为(0,0)，"数目"为 4，"间距角度"为 90°，单击"确定"按钮

续表

步　骤	图　示	操 作 过 程
绘制中心圆	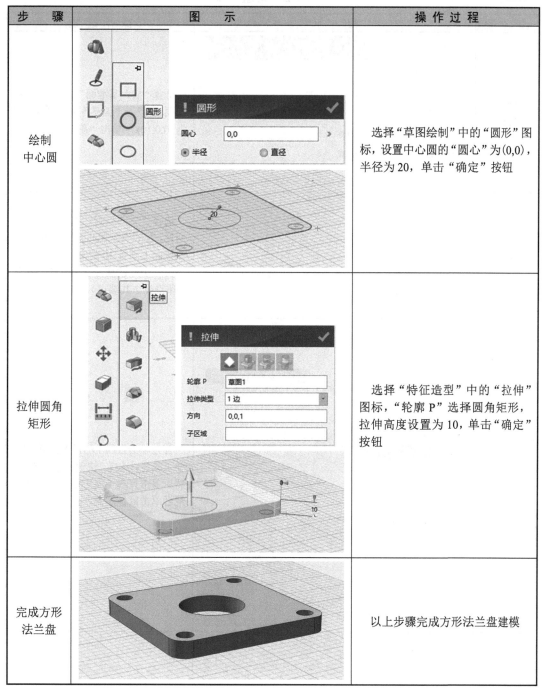	选择"草图绘制"中的"圆形"图标，设置中心圆的"圆心"为(0,0)，半径为20，单击"确定"按钮
拉伸圆角矩形		选择"特征造型"中的"拉伸"图标，"轮廓 P"选择圆角矩形，拉伸高度设置为10，单击"确定"按钮
完成方形法兰盘		以上步骤完成方形法兰盘建模

2. 管道建模

管道的建模通过绘制同心圆、绘制引导线（一条直线和圆弧组成）、扫掠等步骤完成，具体步骤见表3-1-2。

观 看 视 频

表 3-1-2　管道建模

步　骤	图　　示	操 作 过 程
建立基准面	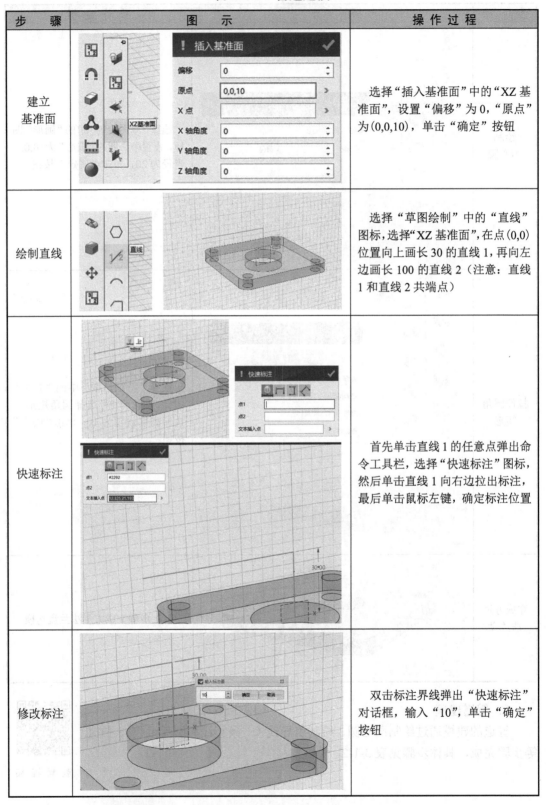	选择"插入基准面"中的"XZ 基准面"，设置"偏移"为 0，"原点"为 (0,0,10)，单击"确定"按钮
绘制直线		选择"草图绘制"中的"直线"图标，选择"XZ 基准面"，在点 (0,0) 位置向上画长 30 的直线 1，再向左边画长 100 的直线 2（注意：直线 1 和直线 2 共端点）
快速标注		首先单击直线 1 的任意点弹出命令工具栏，选择"快速标注"图标，然后单击直线 1 向右边拉出标注，最后单击鼠标左键，确定标注位置
修改标注		双击标注界线弹出"快速标注"对话框，输入"10"，单击"确定"按钮

续表

步　骤	图　示	操 作 过 程
修改标注	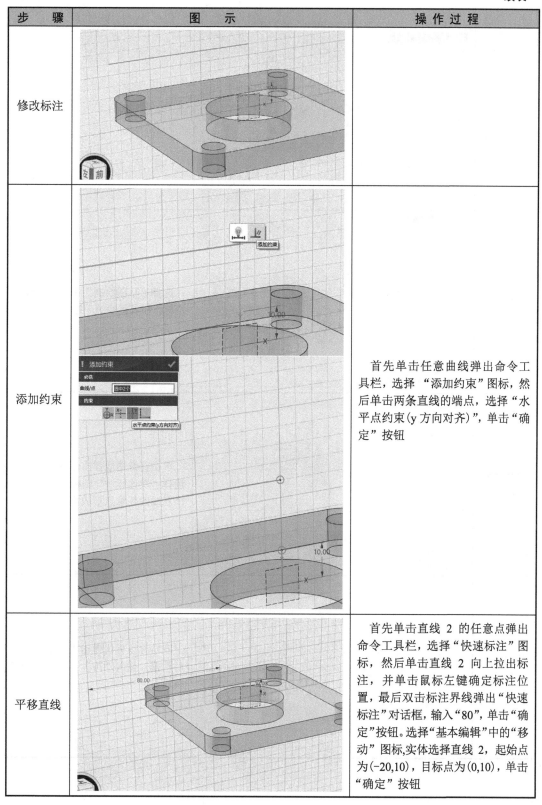	
添加约束		首先单击任意曲线弹出命令工具栏，选择"添加约束"图标，然后单击两条直线的端点，选择"水平点约束（y方向对齐）"，单击"确定"按钮
平移直线		首先单击直线 2 的任意点弹出命令工具栏，选择"快速标注"图标，然后单击直线 2 向上拉出标注，并单击鼠标左键确定标注位置，最后双击标注界线弹出"快速标注"对话框，输入"80"，单击"确定"按钮。选择"基本编辑"中的"移动"图标，实体选择直线 2，起始点为（-20,10），目标点为（0,10），单击"确定"按钮

步　骤	图　示	操　作　过　程
平移直线	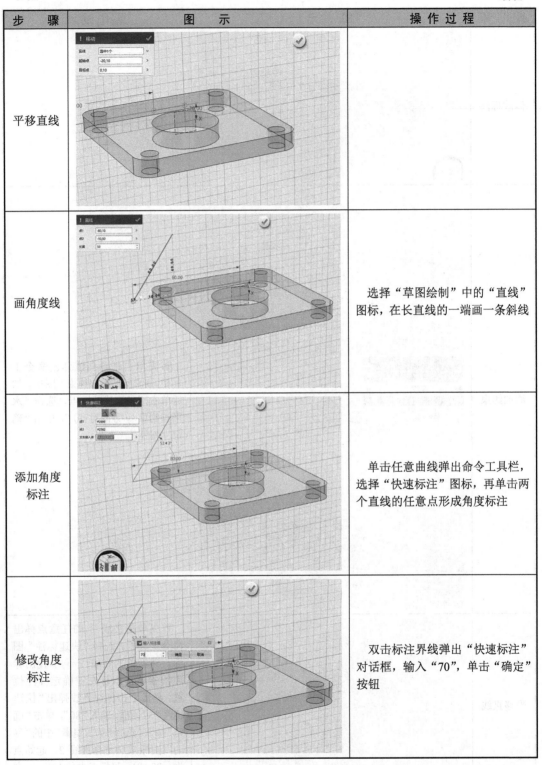	
画角度线		选择"草图绘制"中的"直线"图标，在长直线的一端画一条斜线
添加角度标注		单击任意曲线弹出命令工具栏，选择"快速标注"图标，再单击两个直线的任意点形成角度标注
修改角度标注		双击标注界线弹出"快速标注"对话框，输入"70"，单击"确定"按钮

续表

步 骤	图 示	操作过程
画圆弧	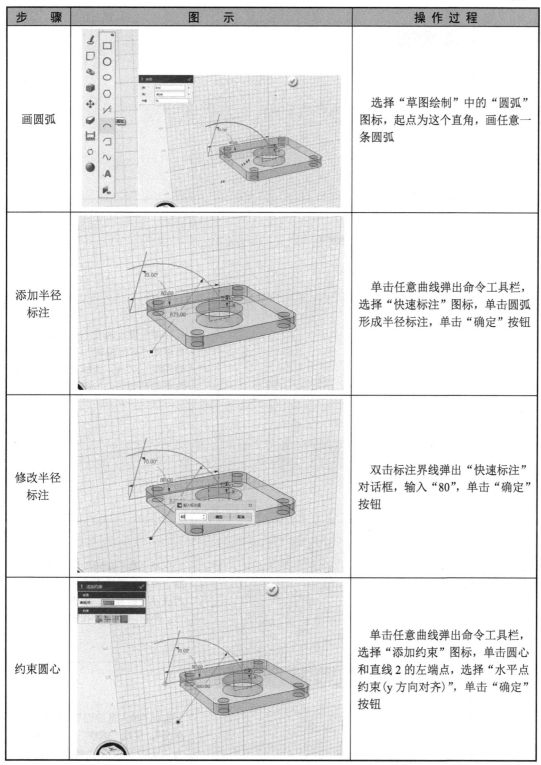	选择"草图绘制"中的"圆弧"图标,起点为这个直角,画任意一条圆弧
添加半径标注		单击任意曲线弹出命令工具栏,选择"快速标注"图标,单击圆弧形成半径标注,单击"确定"按钮
修改半径标注		双击标注界线弹出"快速标注"对话框,输入"80",单击"确定"按钮
约束圆心		单击任意曲线弹出命令工具栏,选择"添加约束"图标,单击圆心和直线2的左端点,选择"水平点约束(y方向对齐)",单击"确定"按钮

续表

步　骤	图　示	操作过程
约束圆心	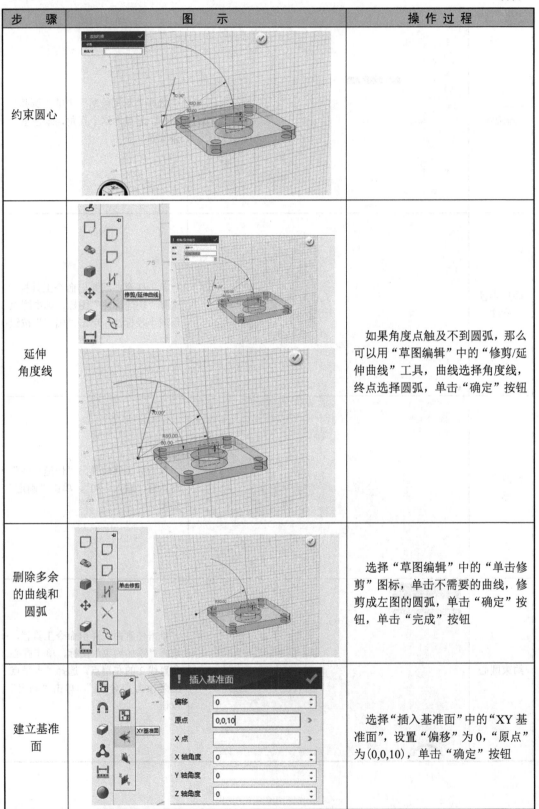	
延伸角度线		如果角度点触及不到圆弧，那么可以用"草图编辑"中的"修剪/延伸曲线"工具，曲线选择角度线，终点选择圆弧，单击"确定"按钮
删除多余的曲线和圆弧		选择"草图编辑"中的"单击修剪"图标，单击不需要的曲线，修剪成左图的圆弧，单击"确定"按钮，单击"完成"按钮
建立基准面		选择"插入基准面"中的"XY 基准面"，设置"偏移"为 0，"原点"为 (0,0,10)，单击"确定"按钮

续表

步 骤	图 示	操 作 过 程
建立 基准面	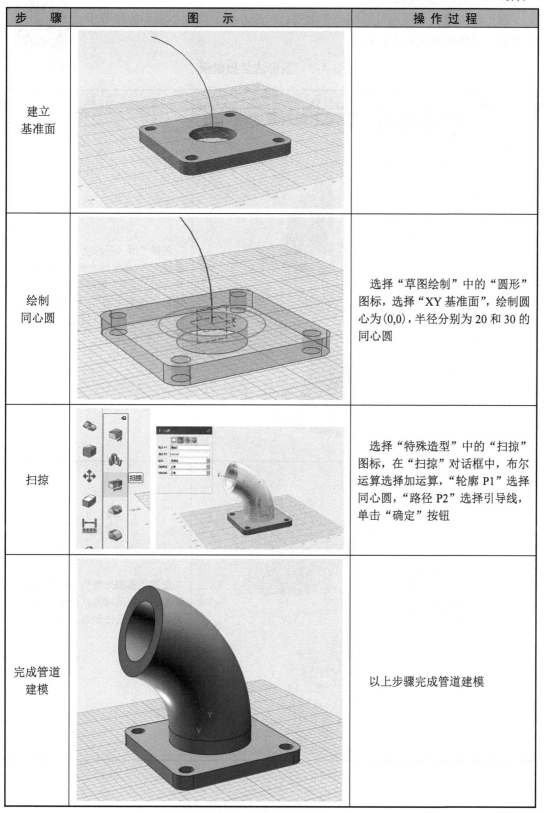	
绘制 同心圆		选择"草图绘制"中的"圆形"图标，选择"XY基准面"，绘制圆心为(0,0)，半径分别为20和30的同心圆
扫掠		选择"特殊造型"中的"扫掠"图标，在"扫掠"对话框中，布尔运算选择加运算，"轮廓P1"选择同心圆，"路径P2"选择引导线，单击"确定"按钮
完成管道 建模		以上步骤完成管道建模

3. 圆形法兰盘建模

圆形法兰盘的建模通过绘制一个大圆、一个小圆、阵列小圆和拉伸等步骤完成，具体步骤见表 3-1-3。

观 看 视 频

表 3-1-3　圆形法兰盘建模

步　骤	图　　示	操 作 过 程
建立基准面	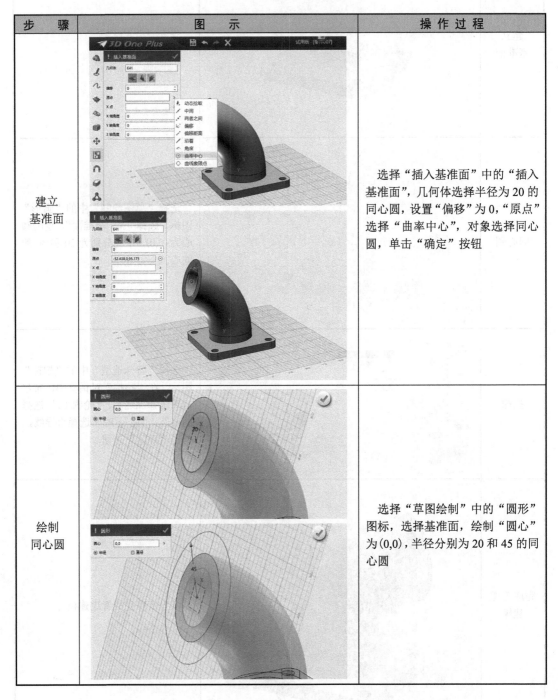	选择"插入基准面"中的"插入基准面"，几何体选择半径为 20 的同心圆，设置"偏移"为 0，"原点"选择"曲率中心"，对象选择同心圆，单击"确定"按钮
绘制同心圆		选择"草图绘制"中的"圆形"图标，选择基准面，绘制"圆心"为 (0,0)，半径分别为 20 和 45 的同心圆

续表

步　骤	图　　示	操 作 过 程
绘制小圆	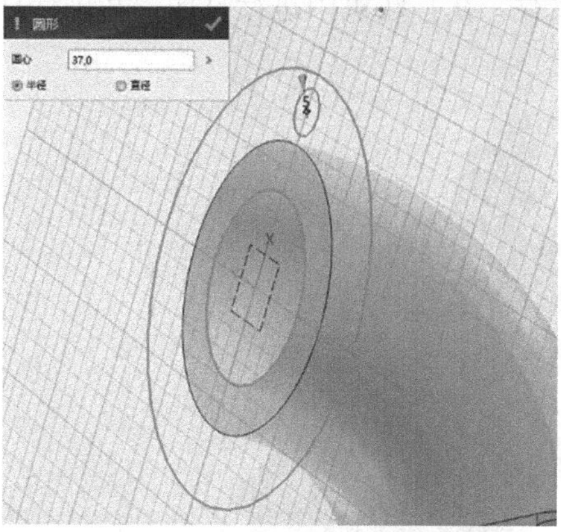	选择"草图绘制"中的"圆形"图标，设置"圆心"为(37,0)，半径为5，单击"确定"按钮
阵列其他小圆	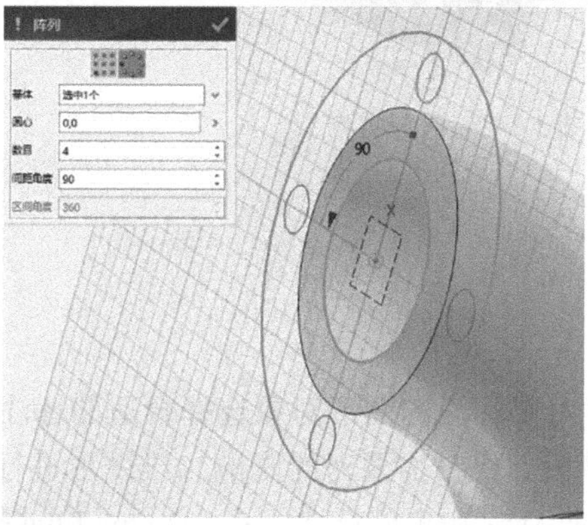	选择"基本编辑"中的"阵列"图标，选择"圆形"，基体选择小圆，设置"圆心"为(0,0)，"数目"为4，"间距角度"为90°，单击"确定"按钮
拉伸同心圆	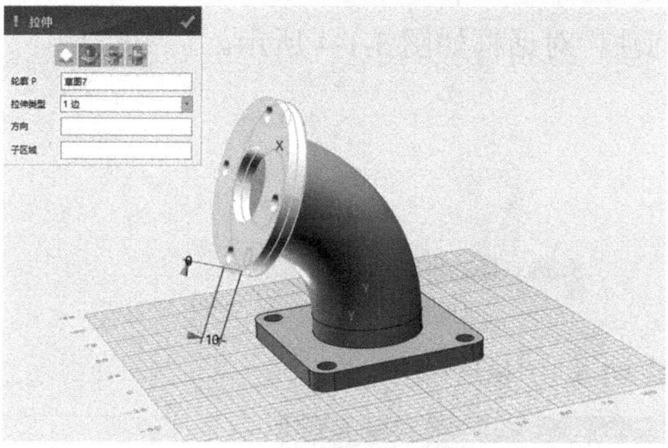	选择"特征造型"中的"拉伸"图标，在"拉伸"对话框中，布尔运算选择加运算，"轮廓P"选择同心圆，拉伸高度设置为10，单击"确定"按钮
完成弯管建模	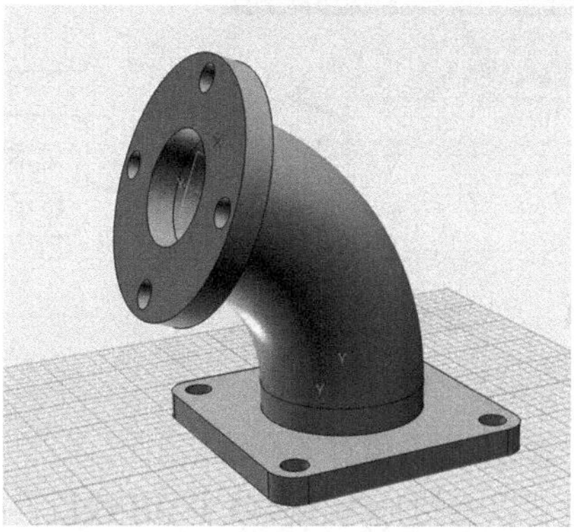	完成以上步骤，得到弯管的模型

三、导出 STL 文件和打印实物

将"弯管.Z1"文件转换为 STL 文件，在打印机中进行打印，并进行打印后处理，最后得到弯管实物，如图 3-1-2 所示。

图 3-1-2　弯管实物

 知识链接

一、快速标注

快速标注是指 3D One Plus 软件对要标注的图形对象选择合适的标注类型，并快速标注尺寸。在使用 3D One Plus 软件建模时，经常需要对绘制的二维图形进行尺寸标注，下面以草图绘制中的正多边形为例讲解线性标注和角度标注。在 3D One Plus 软件中，"快速标注"图标如图 3-1-3 所示，"快速标注"对话框如图 3-1-4 所示。

图 3-1-3　"快速标注"图标

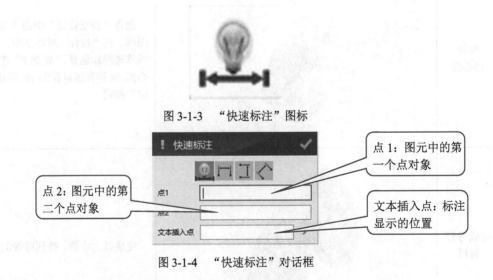

图 3-1-4　"快速标注"对话框

1．线性标注

线性标注可以自由切换水平标注、垂直标注和对齐标注。

水平标注用于创建水平尺寸的标注。以六边形为例，单击 *AB* 线段，在弹出的命令工具

栏中选择"快速标注"图标，弹出"快速标注"对话框，选择水平标注选项，点 1 选择 *A* 点，点 2 选择 *B* 点，移动光标，将跟随光标的尺寸线放置在合适的位置，最后单击鼠标左键，即完成一个水平标注，如图 3-1-5 所示。

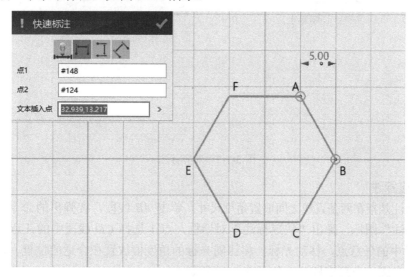

图 3-1-5　水平标注

垂直标注用于创建垂直尺寸的标注。单击 *AB* 线段，在弹出的命令工具栏中选择"快速标注"图标，弹出"快速标注"对话框，选择垂直标注选项，点 1 选择 *A* 点，点 2 选择 *B* 点，移动光标，将跟随光标的尺寸线放置在合适的位置，最后单击鼠标左键，即完成一个垂直标注，如图 3-1-6 所示。

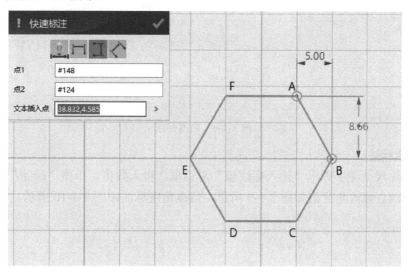

图 3-1-6　垂直标注

对齐标注用于创建尺寸线与图形中的轮廓相互平行的尺寸标注。单击 *AB* 线段，在弹出的命令工具栏中选择"快速标注"图标，弹出"快速标注"对话框，选择对齐标注选项，点 1 选择 *A* 点，点 2 选择 *B* 点，移动光标，将跟随光标的尺寸线放置在合适的位置，最后单击鼠标左键，即完成一个对齐标注，如图 3-1-7 所示。

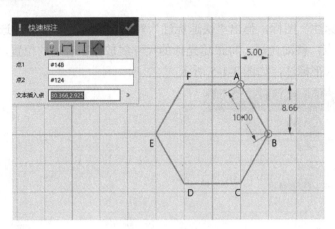

图 3-1-7　对齐标注

2. 角度标注

角度标注是指在两条直线之间放置角度尺寸。单击 *AB* 线段，在弹出的命令工具栏中选择"快速标注"图标，弹出"快速标注"对话框，点 1 选择 *CD* 线段中的任意点，点 2 选择 *DE* 线段中的任意点，移动光标，将跟随光标的角度值放置在合适的位置，最后单击鼠标左键，即完成一个角度标注，如图 3-1-8 所示。

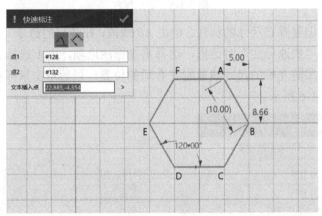

图 3-1-8　角度标注

3. 修改标注

双击标注尺寸文字弹出"输入标注值"对话框，输入数值，单击"确定"按钮，即完成标注的修改。修改角度值如图 3-1-9 所示，修改角度标注如图 3-1-10 所示。

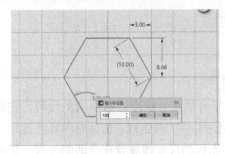

图 3-1-9　修改角度值

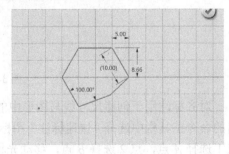

图 3-1-10　修改角度标注

二、约束

约束是指对所绘制草图进行全尺寸约束，3D One Plus 软件可以智能判断轮廓与轮廓之间存在的约束关系，并可以实现尺寸约束的快速标定。在 3D One Plus 软件中，"约束"图标如图 3-1-11 所示，"添加约束"对话框如图 3-1-12 所示，常用几何约束见表 3-1-4。

图 3-1-11 "约束"图标

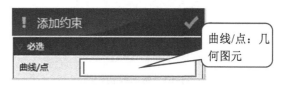

图 3-1-12 "添加约束"对话框

表 3-1-4 常用几何约束

名 称	图 标	说 明
固定约束		将曲线和点固定到对应草图坐标系的位置，如果移动或转动草图坐标系，则固定的曲线或点将随之运动
线水平约束	HORZ	选取两个或多个要施加约束的几何图元即可创建线水平约束，使直线、椭圆轴或成对的点平行于草图坐标系的 X 轴
线垂直约束		选取两个或多个要施加约束的几何图元即可创建线垂直约束，使直线、椭圆轴或成对的点平行于草图坐标系的 Y 轴
垂直约束曲线		选取两个要施加约束的几何图元即可创建垂直约束曲线。对样条曲线施加垂直约束，约束必须应用到端点处
平行约束直线		选取两个或多个要施加约束的直线几何图元即可创建平行约束直线
共线约束直线		选取两个或多个要施加约束的几何图元即可创建共线约束直线。使两条直线位于同一条直线上，如果两个几何图元都没有添加其他位置约束，则由所选的第一个几何图元的位置来决定另一个几何图元的位置
等长约束		选取两个或多个要施加约束的几何图元即可创建等长约束。将所选的圆弧和圆调整到具有相同的半径，或者将所选的直线调整到具有相同的长度
两曲线约束为相切		选取两个或多个要施加约束的几何图元即可创建两曲线约束为相切，用于直线、圆弧及样条曲线之间
圆弧或圆的中心点约束		选取两个或多个要施加同心约束的圆弧或圆即可创建圆弧或圆的中心点约束，将两段圆弧、两个圆或椭圆约束为具有相同的中心点

下面以草图绘制中的 2 个不相交的圆为例讲解几何图元之间的约束关系，两曲线初始状态如图 3-1-13 所示，两曲线约束为相切如图 3-1-14 所示，两曲线进行等长约束如图 3-1-15 所示，圆弧或圆的中心点约束如图 3-1-16 所示。

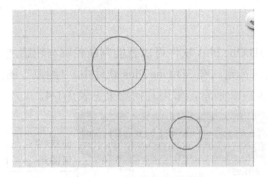

图 3-1-13　两曲线初始状态

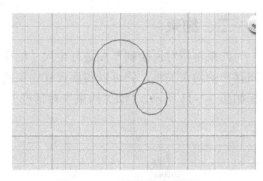

图 3-1-14　两曲线约束为相切

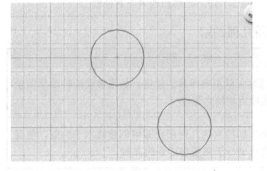

图 3-1-15　两曲线进行等长约束

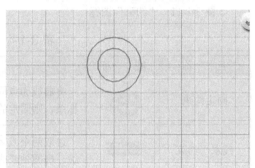

图 3-1-16　圆弧或圆的中心点约束

拓展任务

1. 根据所给餐桌垫零件图，如图 3-1-17 所示，使用 3D One Plus 软件建模，并打印餐桌垫实物。

观 看 图 纸

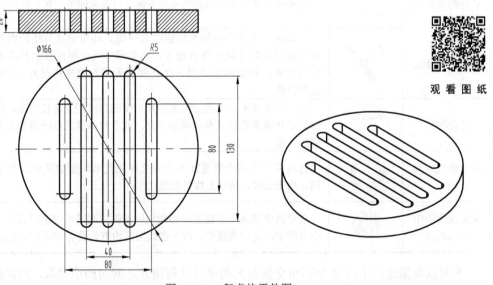

图 3-1-17　餐桌垫零件图

2. 根据所给胶纸座轴芯零件图，如图 3-1-18 所示，使用 3D One Plus 软件建模，并打印胶纸座轴芯实物。

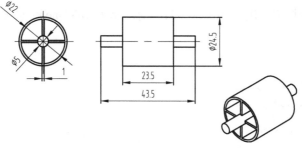

图 3-1-18　胶纸座轴芯零件图　　　　　观 看 图 纸

3. 根据所给四眼暗挂零件图，如图 3-1-19 所示，使用 3D One Plus 软件建模，并打印四眼暗挂实物。

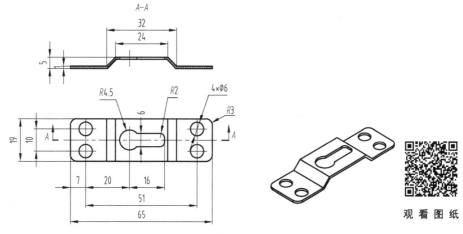

图 3-1-19　四眼暗挂零件图

4. 根据所给手机支架零件图，如图 3-1-20 所示，使用 3D One Plus 软件建模，并打印手机支架实物。

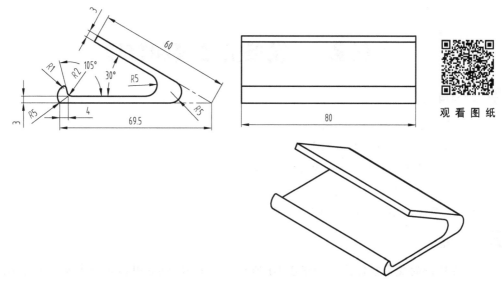

图 3-1-20　手机支架零件图

5. 根据所给台灯零件图，如图 3-1-21 所示，使用 3D One Plus 软件建模，并打印台灯实物。

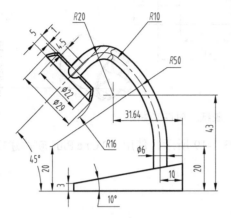

观 看 图 纸

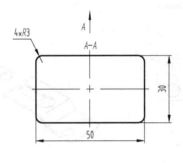

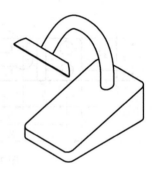

图 3-1-21　台灯零件图

[任务 2] 发条的建模和打印

📝 **学习目标**

1. 能够识读发条的尺寸图。
2. 能够灵活应用草图绘制命令。
3. 能够灵活应用空间曲线中的螺旋线。
4. 能够完成发条的建模。
5. 能够使用 3D 打印机打印出发条的实物。

📝 **任务描述**

根据所给的发条零件图，如图 3-2-1 所示，使用 3D One Plus 软件建模，并用 3D 打印机打印发条实物。

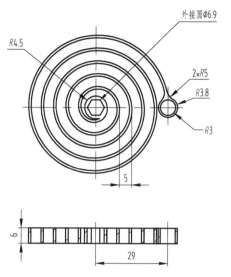

观看图纸

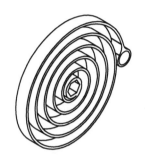

图 3-2-1　发条零件图

任务分析

根据任务描述，需要识读发条的尺寸图，首先根据尺寸图所给尺寸使用软件完成发条的建模，然后将建模文件转换成 STL 文件，最后切片、打印得到发条实物。

任务实施

一、新建保存文件

新建建模文件"发条.Z1"，并保存在所需的文件夹中。

二、发条建模

发条的建模分为两个部分，包括中心部分的建模和螺旋线部分的建模。

观看视频

1．中心部分的建模

中心部分的建模通过绘制圆、多边形和拉伸等步骤完成，具体步骤见表 3-2-1。

表 3-2-1　中心部分的建模

步　骤	图　示	操　作　过　程
绘制圆		单击"导航视图"，使界面（视图）对准"上"面方向；选择"草图绘制"的"圆形"图标，绘制一个圆心为(0,0)，半径为 4.5 的圆，单击"确定"按钮

步　骤	图　示	操　作　过　程
绘制六边形	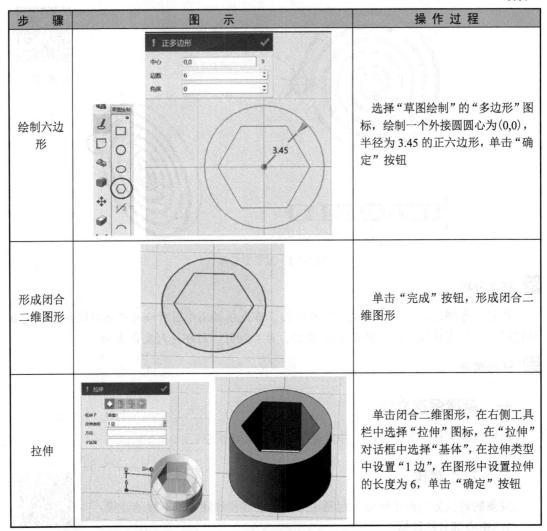	选择"草图绘制"的"多边形"图标，绘制一个外接圆圆心为(0,0)，半径为 3.45 的正六边形，单击"确定"按钮
形成闭合二维图形		单击"完成"按钮，形成闭合二维图形
拉伸		单击闭合二维图形，在右侧工具栏中选择"拉伸"图标，在"拉伸"对话框中选择"基体"，在拉伸类型中设置"1 边"，在图形中设置拉伸的长度为 6，单击"确定"按钮

2．螺旋线部分的建模

螺旋线部分的建模通过绘制螺旋线和参照几何体、修剪等步骤完成，具体步骤见表 3-2-2。

观　看　视　频

表 3-2-2　螺旋线部分的建模

步　骤	图　示	操　作　过　程
选择螺旋线命令		选择"空间曲线"中的"螺旋线"图标

续表

步　骤	图　示	操　作　过　程
绘制一条螺旋线	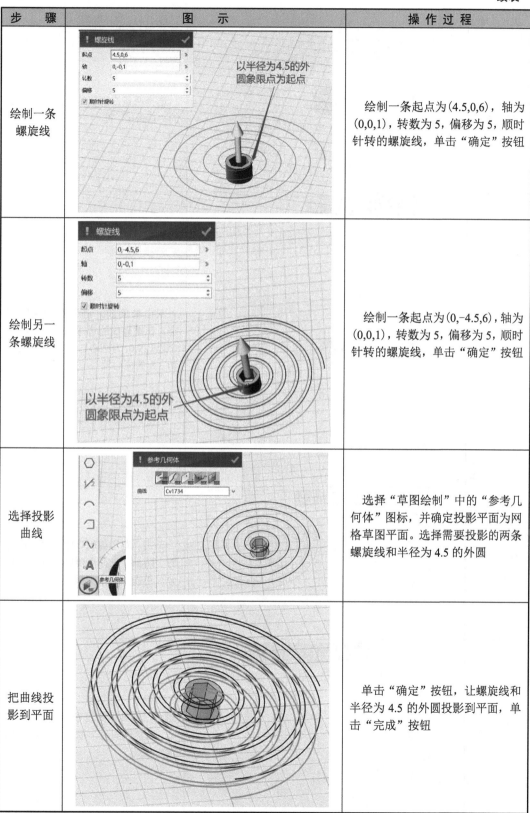	绘制一条起点为(4.5,0,6)，轴为(0,0,1)，转数为5，偏移为5，顺时针转的螺旋线，单击"确定"按钮
绘制另一条螺旋线		绘制一条起点为(0,-4.5,6)，轴为(0,0,1)，转数为5，偏移为5，顺时针转的螺旋线，单击"确定"按钮
选择投影曲线		选择"草图绘制"中的"参考几何体"图标，并确定投影平面为网格草图平面。选择需要投影的两条螺旋线和半径为4.5的外圆
把曲线投影到平面		单击"确定"按钮，让螺旋线和半径为4.5的外圆投影到平面，单击"完成"按钮

续表

步　骤	图　示	操作过程
把原螺旋线删除	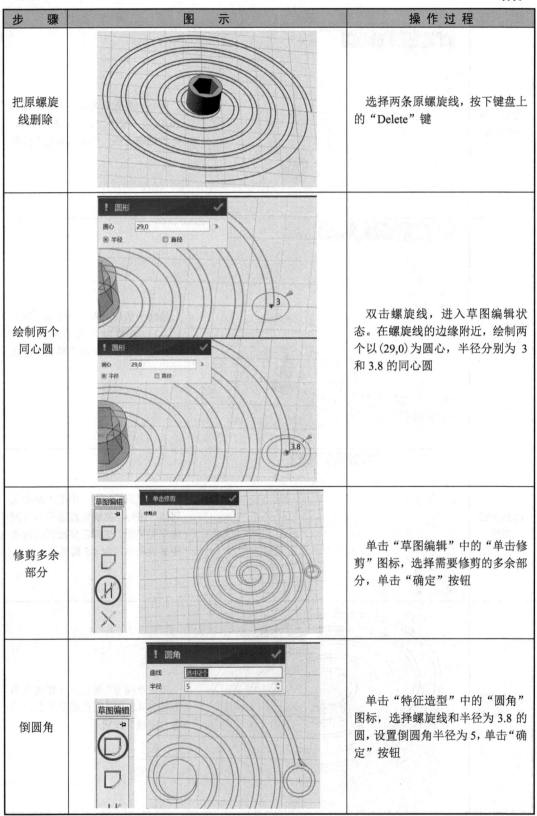	选择两条原螺旋线，按下键盘上的"Delete"键
绘制两个同心圆		双击螺旋线，进入草图编辑状态。在螺旋线的边缘附近，绘制两个以(29,0)为圆心，半径分别为 3 和 3.8 的同心圆
修剪多余部分		单击"草图编辑"中的"单击修剪"图标，选择需要修剪的多余部分，单击"确定"按钮
倒圆角		单击"特征造型"中的"圆角"图标，选择螺旋线和半径为 3.8 的圆，设置倒圆角半径为 5，单击"确定"按钮

续表

步　骤	图　示	操 作 过 程
形成闭合 二维图形	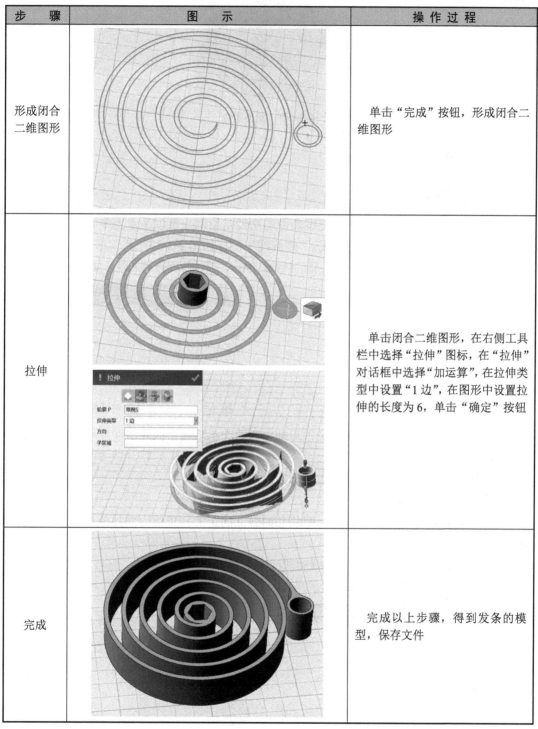	单击"完成"按钮，形成闭合二维图形
拉伸		单击闭合二维图形，在右侧工具栏中选择"拉伸"图标，在"拉伸"对话框中选择"加运算"，在拉伸类型中设置"1 边"，在图形中设置拉伸的长度为 6，单击"确定"按钮
完成		完成以上步骤，得到发条的模型，保存文件

三、导出 STL 文件和打印实物

　　将"发条.Z1"文件转换为 STL 文件，在打印机中进行打印，并进行打印后处理，最后得到发条实物，如图 3-2-2 所示。

图 3-2-2　发条实物

 知识链接

一、螺旋线

螺旋线是空间曲线的一种，螺旋线命令的功能是绘制一条以某点为中心，沿着某条特定轴，按一定偏移、转数旋转的曲线。"螺旋线"图标如图 3-2-3 所示。

在"螺旋线"对话框中，有起点、轴、转数、偏移、顺时针旋转等属性，如图 3-2-4 所示。

图 3-2-3　"螺旋线"图标　　　　　　图 3-2-4　"螺旋线"对话框

（1）起点：螺旋线的起始点，起点与轴之间的大小将确定曲线所在的平面及第一圈螺旋线的半径。

（2）轴：指定螺旋轴，可以是坐标轴、任一直线或点。

（3）转数：指定螺旋线的转数。

（4）偏移：指定每转的偏移值，即相邻两转间的距离。正值为向外偏移，负值为向内偏移。

（5）顺时针旋转：勾选该选项，螺旋曲线关于指定轴顺时针旋转。反之，逆时针旋转。

螺旋线绘制效果如图 3-2-5 所示。

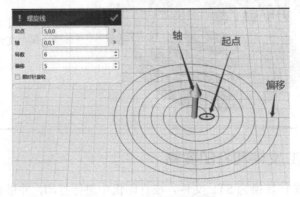

图 3-2-5　螺旋线绘制效果

二、参考几何体

参考几何体命令是草图绘制命令中的一个，它的功能是把实体或组件中的三维曲线投影到草图平面中变成二维曲线。"参考几何体"图标如图 3-2-6 所示，"参考几何体"对话框如图 3-2-7 所示。

图 3-2-6　"参考几何体"图标

图 3-2-7　"参考几何体"对话框

参考几何体命令的使用要先确定要投影的平面，再选择要投影的曲线，这样就可以将曲面投影到所需平面。平面可以是网格草图平面，也可以是实体上的某个面所在的平面。若选取的平面与被投影曲线垂直，则投影出来的是一条直线或一个点。

以一个长方体为例，选取平面为网格草图平面，被投影曲线与投影平面垂直如图 3-2-8 所示，被投影曲线与投影平面不垂直如图 3-2-9 所示。

图 3-2-8　被投影曲线与投影平面垂直

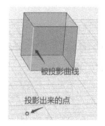

图 3-2-9　被投影曲线与投影平面不垂直

拓展任务

1. 根据所给蚊香式垫板零件图，如图 3-2-10 所示，使用 3D One Plus 软件建模，并打印蚊香式垫板实物。

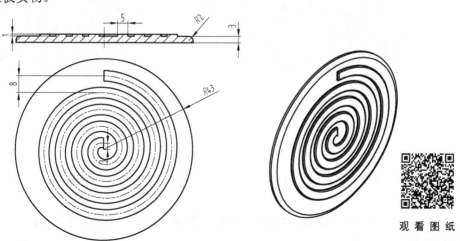

观 看 图 纸

图 3-2-10　蚊香式垫板零件图

2．根据所给衣架零件图，如图 3-2-11 所示，使用 3D One Plus 软件建模，并打印衣架实物。

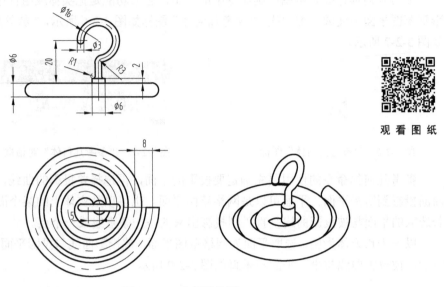

观 看 图 纸

图 3-2-11　衣架零件图

3．根据所给音乐盒发条零件图，如图 3-2-12 所示，使用 3D One Plus 软件建模，并打印音乐盒发条实物。

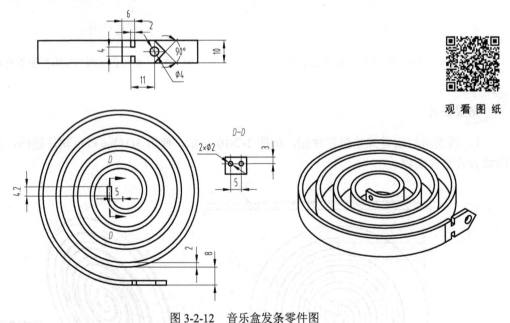

观 看 图 纸

图 3-2-12　音乐盒发条零件图

4．根据所给特殊发条零件图，如图 3-2-13 所示，使用 3D One Plus 软件建模，并打印特殊发条实物。

5．根据所给玩具车轨道零件图，如图 3-2-14 所示，使用 3D One Plus 软件建模，并打印玩具车轨道实物。

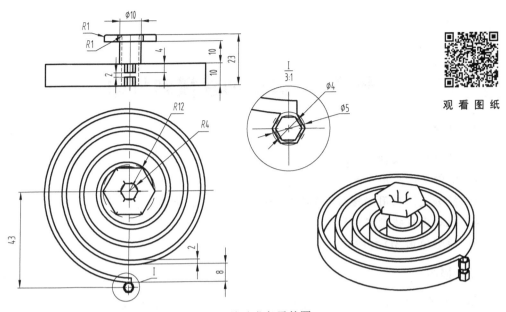

观 看 图 纸

图 3-2-13 特殊发条零件图

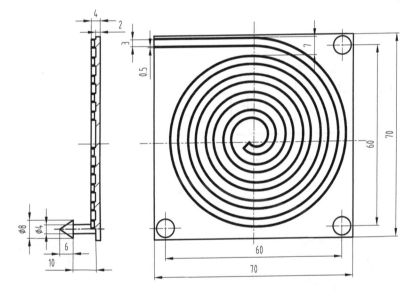

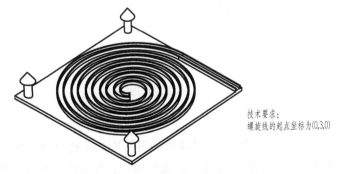

技术要求：
螺旋线的起点坐标为(0,3,0)

观 看 图 纸

图 3-2-14 玩具车轨道零件图

任务3 拨盘的建模和打印

✍ 学习目标

1. 能够识读拨盘零件图。
2. 能够灵活应用参考几何体命令。
3. 能够灵活应用偏移曲线命令及能够对图素添加适当约束。
4. 能够完成拨盘零件的建模。
5. 能够使用 3D 打印机打印出拨盘的实物。

✍ 任务描述

根据所给的拨盘零件图，如图 3-3-1 所示，使用 3D One Plus 软件建模，并用 3D 打印机打印拨盘实物。

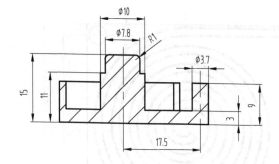

观 看 图 纸

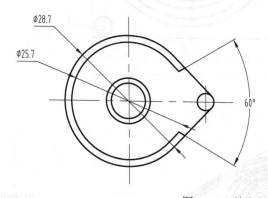

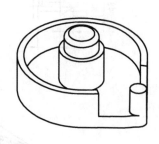

图 3-3-1　拨盘零件图

✍ 任务分析

根据任务描述，识读拨盘的零件图，根据零件图所给尺寸使用软件完成拨盘零件的建模，完成建模后将建模文件转换成 STL 文件，最后切片、打印得到拨盘实物。

✍ 任务实施

一、新建保存文件

新建建模文件"拨盘.Z1"，并保存在所需的文件夹中。

二、拨盘建模

拨盘的建模主要采用拉伸命令来完成，可以分为构建底板、构建直径为3.7 的圆柱、构建直径为 10 与直径为 7.8 的圆柱与构建拨盘壁等步骤。

观 看 视 频

1．构建底板

构建底板可以通过拉伸命令来完成，具体步骤见表 3-3-1。

表 3-3-1　构建底板

步　骤	图　示	操 作 过 程
绘制底板外圆	‖ 圆形 ✓　　圆心 0,0　　○半径 ●直径　　28.7　　‖ 圆形 ✓　　圆心 17.5,0　　○半径 ●直径　　⌀3.7	选择"草图绘制"中的"圆形"图标，选择默认基准面为草图绘制平面，将"导航视图"选择为"上"视图。以(0,0)为圆心，绘制直径为28.7的圆。以(17.5,0)为圆心，绘制直径为3.7的圆
绘制直线并添加固定约束	添加约束　‖ 添加约束 ✓　必选　曲线/点 选中2个　约束　添加固定约束　　添加固定约束	绘制两条直线。单击任意图素，在弹出的工具栏中选择"添加约束"，分别单击所画的两个圆，设置"添加固定约束"，单击"确定"按钮，使两圆弧的位置固定
添加相切约束	‖ 添加约束 ✓　必选　曲线/点 圆中2个　约束　两曲线约束为相切	分别选中需要添加相切约束的圆与直线，单击"两曲线约束为相切"，单击"确定"按钮完成约束设置，用同样的方法设置其他三处的相切约束

115

续表

步　骤	图　示	操 作 过 程
曲线修剪	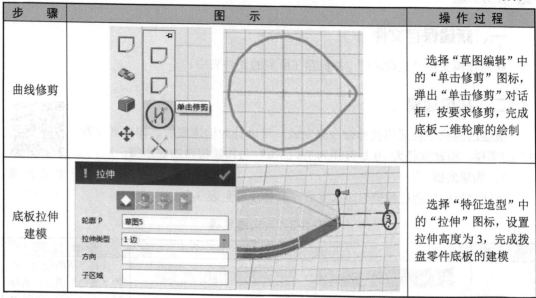	选择"草图编辑"中的"单击修剪"图标，弹出"单击修剪"对话框，按要求修剪，完成底板二维轮廓的绘制
底板拉伸建模	拉伸 轮廓 P　草图5 拉伸类型　1 边 方向 子区域	选择"特征造型"中的"拉伸"图标，设置拉伸高度为3，完成拨盘零件底板的建模

2. 构建直径为 3.7 的圆柱

构建直径为 3.7 的圆柱可以通过 3D One Plus 软件"基本实体"中的"圆柱体"图标来实现，具体步骤见表 3-3-2。

观 看 视 频

表 3-3-2　构建直径为 3.7 的圆柱

步　骤	图　示	操 作 过 程
构建 φ3.7 的圆柱	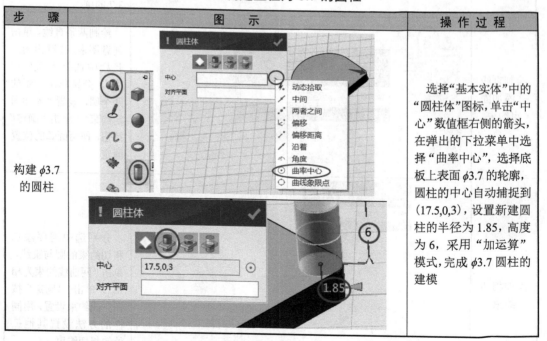	选择"基本实体"中的"圆柱体"图标，单击"中心"数值框右侧的箭头，在弹出的下拉菜单中选择"曲率中心"，选择底板上表面 φ3.7 的轮廓，圆柱的中心自动捕捉到(17.5,0,3)，设置新建圆柱的半径为1.85，高度为6，采用"加运算"模式，完成 φ3.7 圆柱的建模

3. 构建直径为 10 与直径为 7.8 的圆柱

构建直径为 10 与直径为 7.8 的圆柱可以通过"基本实体"中的"圆柱体"图标来实现，具体步骤见表 3-3-3。

表 3-3-3　构建直径为 10 与直径为 7.8 的圆柱

步　骤	图　示	操 作 过 程
构建 $\phi10$ 的圆柱	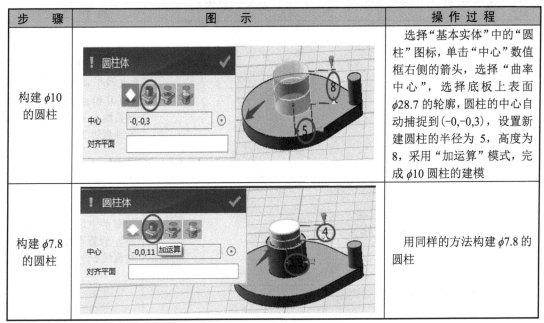	选择"基本实体"中的"圆柱"图标,单击"中心"数值框右侧的箭头,选择"曲率中心",选择底板上表面 $\phi28.7$ 的轮廓,圆柱的中心自动捕捉到(-0,-0,3),设置新建圆柱的半径为 5,高度为 8,采用"加运算"模式,完成 $\phi10$ 圆柱的建模
构建 $\phi7.8$ 的圆柱		用同样的方法构建 $\phi7.8$ 的圆柱

4. 构建拨盘壁

拨盘壁的外轮廓表面与底板外轮廓表面为共面关系,在构建拨盘壁时,可以选取底板表面轮廓作为拨盘壁的建模轮廓,应用参考几何体命令,直接抓取已有几何体的轮廓。构建拨盘壁可以通过拉伸建模来完成,具体步骤见表 3-3-4。

观 看 视 频

表 3-3-4　构建拨盘壁

步　骤	图　示	操 作 过 程
设置参考几何体		选择"草图绘制"中的"参考几何体"图标,选择底板上表面为草图绘制平面,设置"参考几何体"参数,选择左图箭头所示指示线为"曲线",完成设置
偏移曲线		选择"草图编辑"中的"偏移曲线"图标,选择左图箭头所示的轮廓为偏移曲线,设置"距离"为1.5,勾选"翻转方向"选项,完成曲线的偏移

续表

步 骤	图 示	操 作 过 程
绘制直线	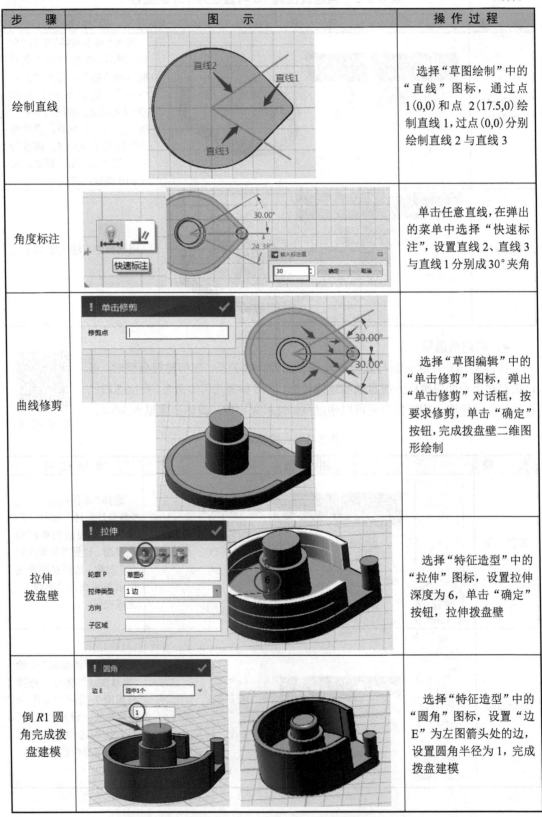	选择"草图绘制"中的"直线"图标，通过点 1(0,0) 和点 2(17.5,0) 绘制直线 1，过点 (0,0) 分别绘制直线 2 与直线 3
角度标注		单击任意直线，在弹出的菜单中选择"快速标注"，设置直线 2、直线 3 与直线 1 分别成 30° 夹角
曲线修剪		选择"草图编辑"中的"单击修剪"图标，弹出"单击修剪"对话框，按要求修剪，单击"确定"按钮，完成拨盘壁二维图形绘制
拉伸拨盘壁		选择"特征造型"中的"拉伸"图标，设置拉伸深度为 6，单击"确定"按钮，拉伸拨盘壁
倒 R1 圆角完成拨盘建模		选择"特征造型"中的"圆角"图标，设置"边 E"为左图箭头处的边，设置圆角半径为 1，完成拨盘建模

118

三、导出 STL **文件和打印实物**

将"拨盘.Z1"文件转换为 STL 文件，在打印机中进行打印，并进行打印后处理，最后得到拨盘实物，如图 3-3-2 所示。

图 3-3-2　拨盘实物

 知识链接

一、**偏移曲线命令**

偏移曲线命令分为二维曲线偏移与空间曲线偏移。二维曲线偏移是指在二维图形绘制环境下，对已有的二维曲线以一定的距离进行偏移。空间曲线偏移是指在空间造型环境下，对已有的空间曲线、实体轮廓或曲面轮廓按照法线方向进行偏移。

1．**二维曲线偏移**

在二维图形绘制环境下，"偏移曲线"图标如图 3-3-3 所示。

"偏移曲线"图标在"草图绘制"环境中，在"草图编辑"下选择，如图 3-3-4 所示。

图 3-3-3　"偏移曲线"图标

图 3-3-4　"偏移曲线"图标的选择

进入"偏移曲线"对话框，选择需要偏移的曲线，即可设置曲线的偏移距离和偏移方向。在设置过程中，如果需要将曲线沿反方向偏移，则勾选"翻转方向"选项；如果需要将曲线沿两侧偏移，则勾选"在两个方向偏移"选项，具体操作如图 3-3-5 所示。

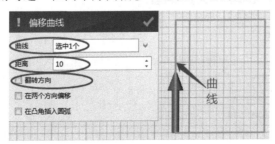

图 3-3-5　"偏移曲线"对话框设置

如果需要将整个矩形的四条边都沿一个方向进行偏移，则可以按顺序选择矩形的四条边，设置偏移距离及方向，即可达到设置要求。如果出现选择错误，那么可以单击"曲线"数值框右侧的箭头，这时会显示已选择的曲线，选择错选的曲线编号，单击鼠标右键，在弹出的菜单中选择"取消选择"即可，具体操作如图 3-3-6 所示。

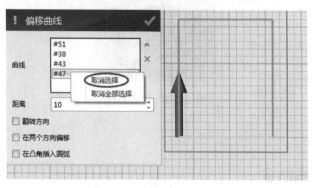

图 3-3-6　撤销曲线选择设置

2. 空间曲线偏移

空间"偏移曲线"图标如图 3-3-7 所示，可以通过"空间曲线描绘"中的空间"偏移曲线"命令来找到，如图 3-3-8 所示。

图 3-3-7　空间"偏移曲线"图标　　　　图 3-3-8　空间"偏移曲线"图标的选择

空间曲线偏移可以将绘图环境中已有的实体轮廓、曲面边界线等要素按照指定的距离和方向进行偏移，偏移后生成的曲线，可以作为拉伸、旋转等特征造型的二维图形。实体边界偏移如图 3-3-9 所示，曲面边界偏移如图 3-3-10 所示。

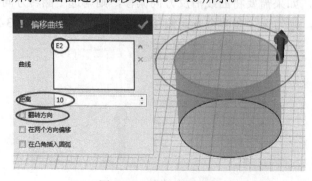

图 3-3-9　实体边界偏移

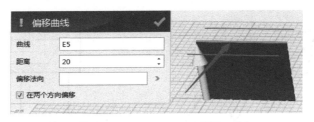

图 3-3-10　曲面边界偏移

（1）曲线：选取需要偏移的轮廓。

（2）距离：指定曲线偏移的距离。

（3）偏移法向：指曲线偏移的方向，移动光标，系统会出现法向箭头。

（4）在两个方向偏移：勾选此选项，选定的曲线会自动按照给定的距离进行两个方向的偏移。

三、圆柱体命令

3D One Plus 软件提供了快捷的圆柱创建功能。"圆柱体"图标如图 3-3-11 所示，"圆柱体"图标在"基本实体"下，"圆柱体"图标的选择如图 3-3-12 所示。

"圆柱体"参数设置如图 3-3-13 所示，设置"中心"和"对齐平面"，输入圆柱半径与圆柱高度，完成圆柱建模。

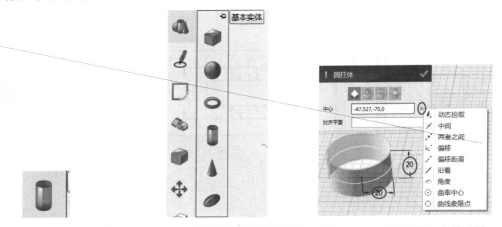

图 3-3-11　"圆柱体"图标　　图 3-3-12　"圆柱体"图标的选择　　图 3-3-13　"圆柱体"参数设置

（1）中心：指创建的圆柱的底面圆圆心位置，可以在对话框中输入中心点坐标，也可以单击"中心"数值框右侧箭头，在下拉菜单中选取对应选项，在绘图环境中选择适合条件的点作为中心点。

（2）对齐平面：用于设置新建圆柱底面平面平行已知平面。

拓展任务

1. 根据所给支架零件图，如图 3-3-14 所示，使用 3D One Plus 软件建模，并打印支架实物。

121

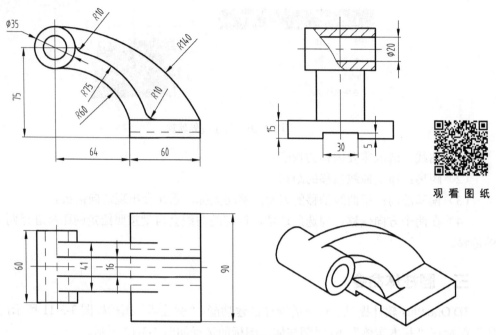

图 3-3-14　支架零件图

2. 根据所给拨叉零件图，如图 3-3-15 所示，使用 3D One Plus 软件建模，并打印拨叉实物。

观 看 图 纸

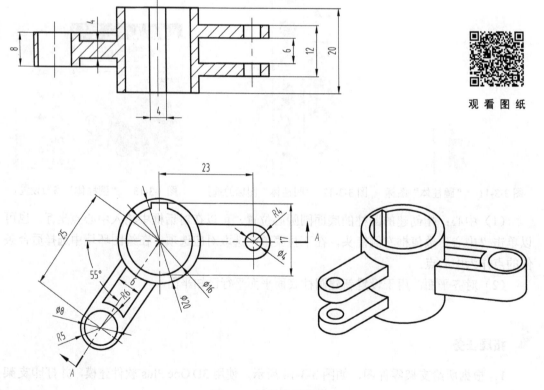

图 3-3-15　拨叉零件图

3. 根据所给传动轴零件图，如图 3-3-16 所示，使用 3D One Plus 软件建模，并打印传动轴实物。

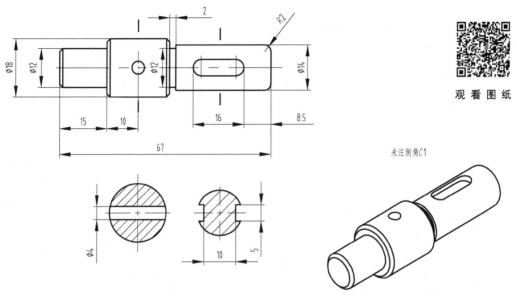

观看图纸

未注倒角C1

图 3-3-16 传动轴零件图

4. 根据所给压板零件图，如图 3-3-17 所示，使用 3D One Plus 软件建模，并打印压板实物。

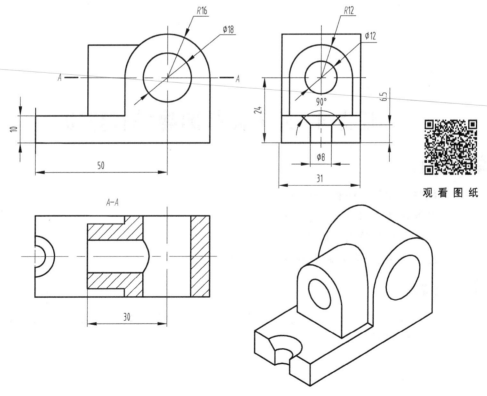

观看图纸

图 3-3-17 压板零件图

5. 根据所给滑块零件图，如图 3-3-18 所示，使用 3D One Plus 软件建模，并打印滑块实物。

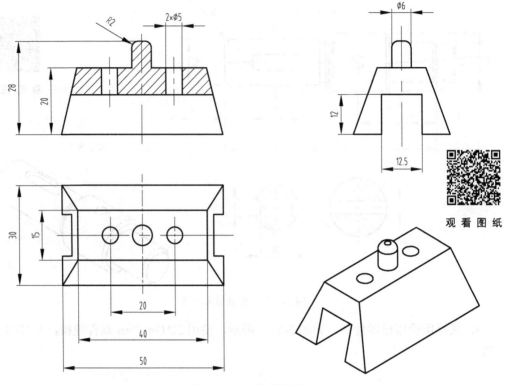

图 3-3-18　滑块零件图

观 看 图 纸

任务 4　开关面板的建模和打印

✍ 学习目标

1. 能够识读开关面板零件图。
2. 能够灵活应用拔模命令和镜像命令。
3. 能够完成开关面板的建模。
4. 能够使用 3D 打印机打印出开关面板的实物。

✍ 任务描述

根据所给的开关面板零件图，如图 3-4-1 所示，使用 3D One Plus 软件建模，并用 3D 打印机打印开关面板实物。

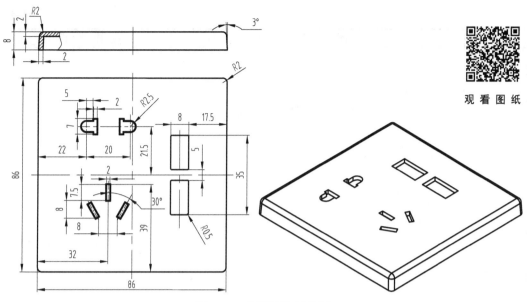

图 3-4-1 开关面板零件图

任务分析

根据任务描述，需要识读开关面板的零件图，首先根据零件图所给尺寸使用软件完成开关面板的建模，然后将建模文件转换成 STL 文件，最后切片、打印得到开关面板实物。

任务实施

一、新建保存文件

新建建模文件"开关面板.Z1"，并保存在所需的文件夹中。

二、开关面板建模

开关面板的建模分为主体建模和孔的生成两个部分，包括壳体生成和切除成孔。

1．主体建模

主体建模通过拉伸实体、拔模、倒角、抽壳等步骤完成，具体步骤见表 3-4-1。

表 3-4-1　主体建模

步　　骤	图　　示	操 作 过 程
设计六面体	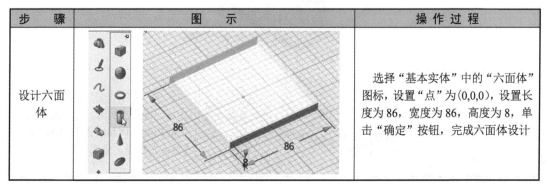	选择"基本实体"中的"六面体"图标，设置"点"为(0,0,0)，设置长度为 86，宽度为 86，高度为 8，单击"确定"按钮，完成六面体设计

125

续表

步　骤	图　　示	操 作 过 程
拔模	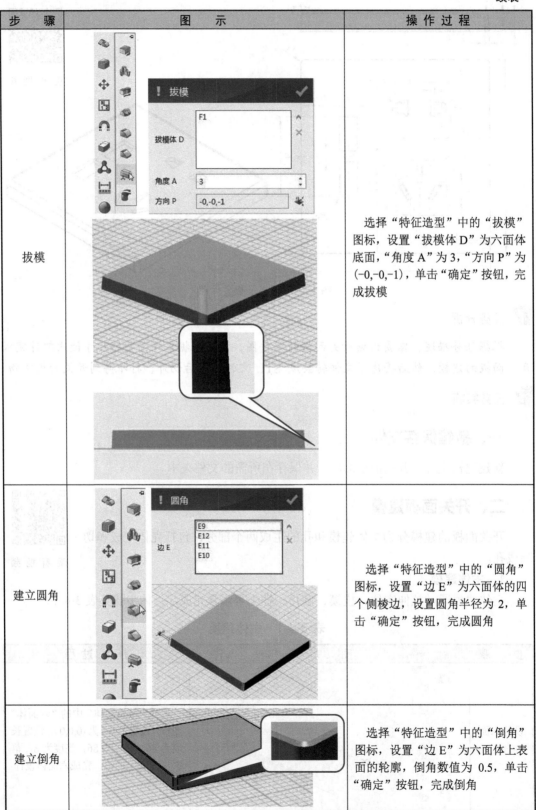	选择"特征造型"中的"拔模"图标，设置"拔模体 D"为六面体底面，"角度 A"为 3，"方向 P"为（-0,-0,-1），单击"确定"按钮，完成拔模
建立圆角		选择"特征造型"中的"圆角"图标，设置"边 E"为六面体的四个侧棱边，设置圆角半径为 2，单击"确定"按钮，完成圆角
建立倒角		选择"特征造型"中的"倒角"图标，设置"边 E"为六面体上表面的轮廓，倒角数值为 0.5，单击"确定"按钮，完成倒角

续表

步 骤	图 示	操 作 过 程
抽壳	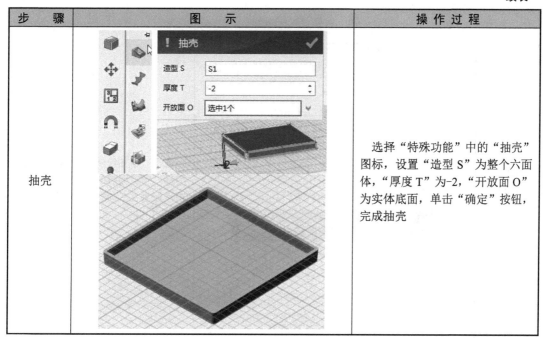	选择"特殊功能"中的"抽壳"图标，设置"造型 S"为整个六面体，"厚度 T"为-2，"开放面 O"为实体底面，单击"确定"按钮，完成抽壳

2. 孔的生成

孔的生成通过绘制草图、拉伸草图等步骤完成，具体步骤见表 3-4-2。

观看视频

表 3-4-2 孔的生成

步 骤	图 示	操 作 过 程
绘制辅助线段	10.00 11.00	选择"草图绘制"中的"直线"图标，选择六面体顶面作为草图绘制平面，以(0,0)为端点向左绘制一条长度为 11 的水平线段，以(-11,0)为端点向上绘制一条长度为 10 的垂直线段，标注其尺寸
绘制二插左孔草图	5.00 2.00 5.00 7.00 5.00 22.00 10.00 11.00	选择"草图绘制"中的"直线"图标，绘制二插左孔草图，并标注尺寸

步　骤	图　示	操　作　过　程
绘制二插左孔圆弧	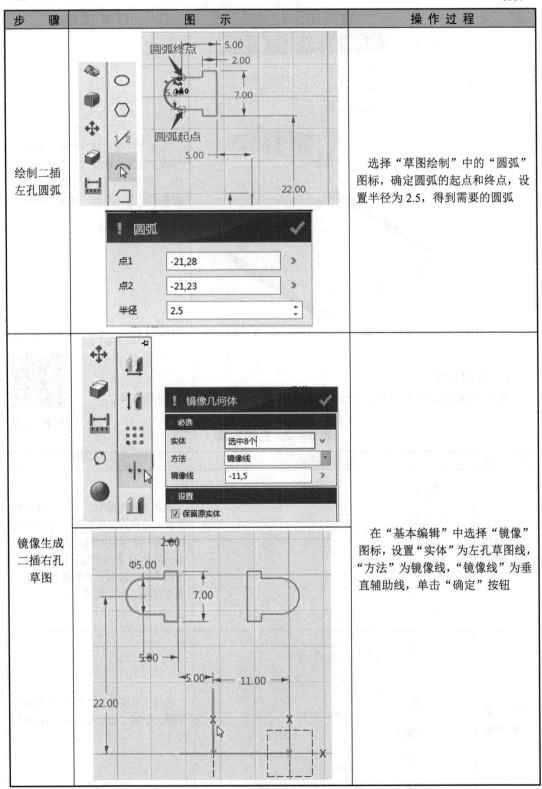	选择"草图绘制"中的"圆弧"图标，确定圆弧的起点和终点，设置半径为 2.5，得到需要的圆弧
镜像生成二插右孔草图		在"基本编辑"中选择"镜像"图标，设置"实体"为左孔草图线，"方法"为镜像线，"镜像线"为垂直辅助线，单击"确定"按钮

续表

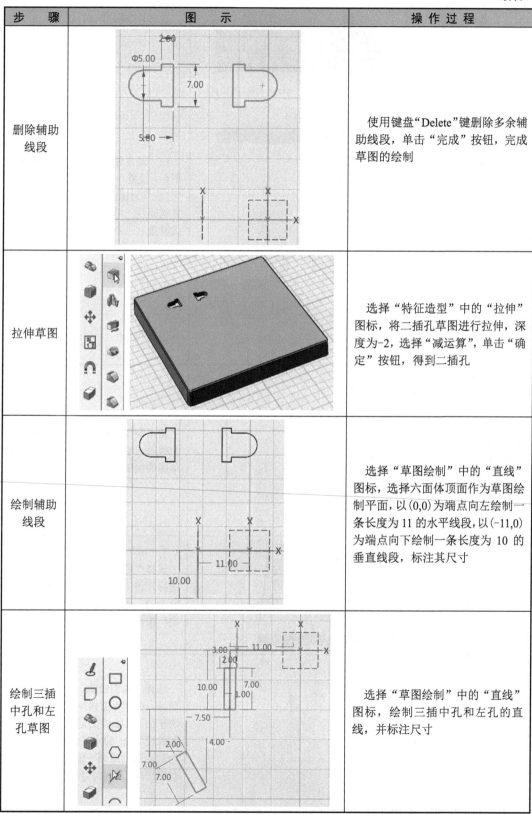

步 骤	图 示	操 作 过 程
删除辅助线段		使用键盘"Delete"键删除多余辅助线段，单击"完成"按钮，完成草图的绘制
拉伸草图		选择"特征造型"中的"拉伸"图标，将二插孔草图进行拉伸，深度为-2，选择"减运算"，单击"确定"按钮，得到二插孔
绘制辅助线段		选择"草图绘制"中的"直线"图标，选择六面体顶面作为草图绘制平面，以(0,0)为端点向左绘制一条长度为11的水平线段，以(-11,0)为端点向下绘制一条长度为10的垂直线段，标注其尺寸
绘制三插中孔和左孔草图		选择"草图绘制"中的"直线"图标，绘制三插中孔和左孔的直线，并标注尺寸

步　骤	图　　示	操 作 过 程
镜像三插左孔草图，生成三插右孔草图	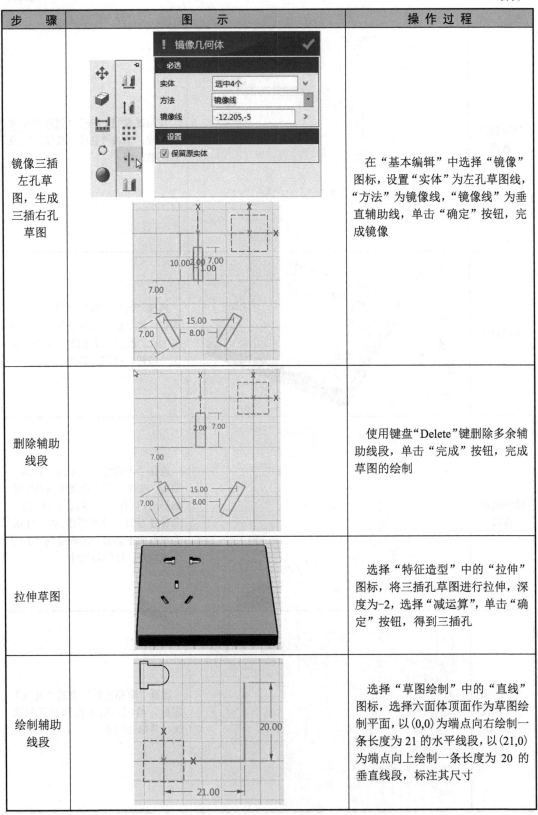	在"基本编辑"中选择"镜像"图标，设置"实体"为左孔草图线，"方法"为镜像线，"镜像线"为垂直辅助线，单击"确定"按钮，完成镜像
删除辅助线段		使用键盘"Delete"键删除多余辅助线段，单击"完成"按钮，完成草图的绘制
拉伸草图		选择"特征造型"中的"拉伸"图标，将三插孔草图进行拉伸，深度为-2，选择"减运算"，单击"确定"按钮，得到三插孔
绘制辅助线段		选择"草图绘制"中的"直线"图标，选择六面体顶面作为草图绘制平面，以(0,0)为端点向右绘制一条长度为 21 的水平线段，以(21,0)为端点向上绘制一条长度为 20 的垂直线段，标注其尺寸

续表

步 骤	图 示	操作过程
绘制 USB 孔草图	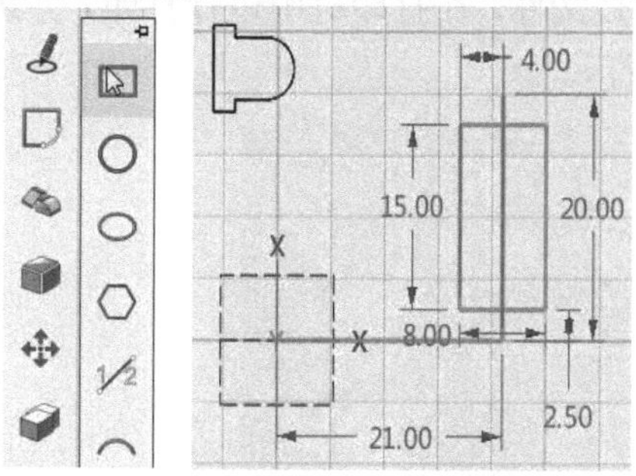	选择"草图绘制"中的"直线"图标,绘制 USB 孔的直线,并标注尺寸
镜像 USB 孔草图	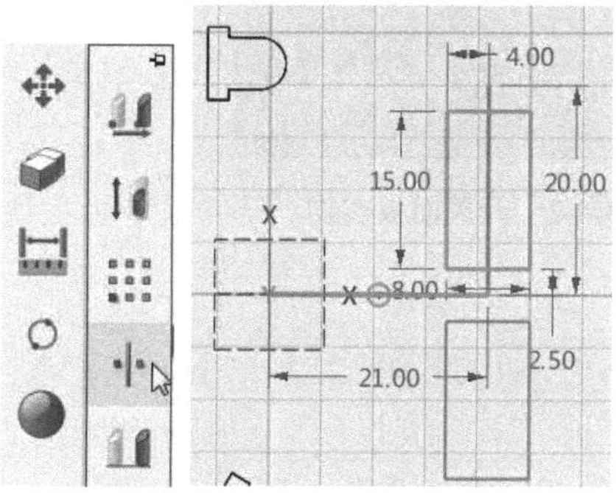	在"基本编辑"中选择"镜像"图标,设置"实体"为 USB 孔草图线,"方法"为镜像线,"镜像线"为水平辅助线,单击"确定"按钮
删除辅助线段	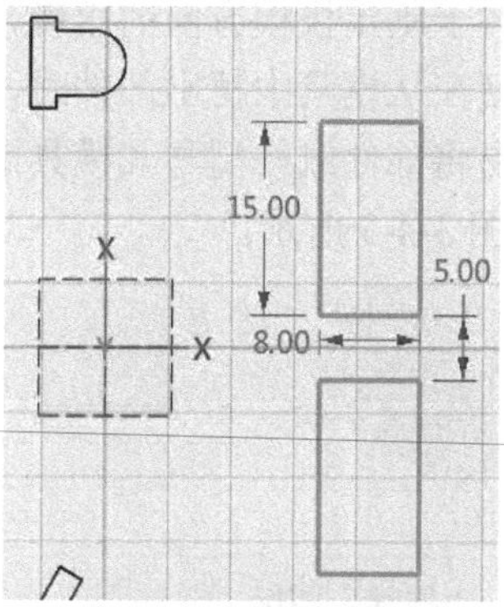	使用键盘"Delete"键删除多余辅助线段,单击"完成"按钮,完成草图的绘制
拉伸草图得到 USB 孔	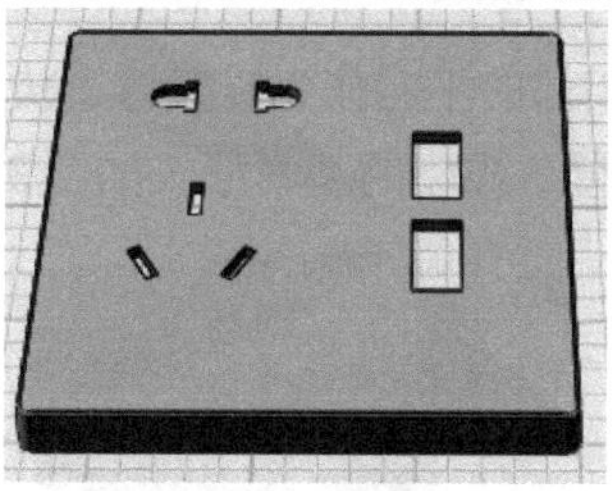	选择"特征造型"中的"拉伸"图标,将 USB 孔草图进行拉伸,深度为-2,选择"减运算",单击"确定"按钮
USB 孔倒圆角	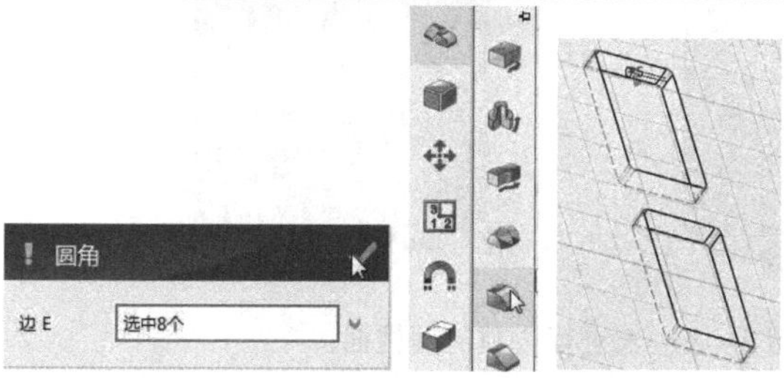	选择"特征造型"中的"圆角"命令,设置"边 E"为两个 USB 孔共 8 个需要倒圆角的边,半径为 0.5,单击"确定"按钮,完成开关面板的建模

三、导出 STL 文件和打印实物

将"开关面板.Z1"文件转换为 STL 文件，在打印机中进行打印，并进行打印后处理，最后得到开关面板实物，如图 3-4-2 所示。

图 3-4-2　开关面板实物

 知识链接

一、拔模命令

拔模命令的功能是将面更改为具有相对于制定拔模方向的角度，通常用于对模型、部件、模具和冲模的竖直面的应用斜度，以便在从模具中拉出部件时，面向相互远离的方向移动，而不是相互滑移。借助拔模面很容易将部件或模型与其模具或冲模分开，拔模角度的范围通常是-30°～30°。"拔模"图标如图 3-4-3 所示。

图 3-4-3　"拔模"图标

3D One Plus 的拔模命令选择与拔模面相邻的平面作为拔模体，拔模方向箭头可以进行方向切换，拔模角度可以根据设计要求进行设置。拔模的基本形式如图 3-4-4～图 3-4-6 所示。

图 3-4-4　未进行拔模的圆柱面

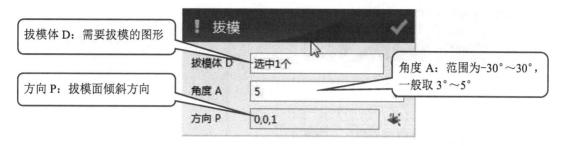

拔模体 D：需要拔模的图形

方向 P：拔模面倾斜方向

角度 A：范围为-30°～30°，一般取3°～5°

图 3-4-5 "拔模"对话框

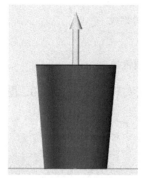 

圆柱顶面为拔模体，拔模角度为5°　　　圆柱顶面为拔模体，拔模角度为-5°

图 3-4-6 已进行拔模的圆柱面

二、镜像命令

镜像命令的功能是将所选择的对象以一个轴为对称轴来复制该对象的轴对称图形。"镜像"图标如图 3-4-7 所示。

图 3-4-7 "镜像"图标

镜像命令可以对二维图形和三维实体进行镜像。

（1）二维图形的镜像，可通过 "镜像"对话框来实现，如图 3-4-8、图 3-4-9 所示。

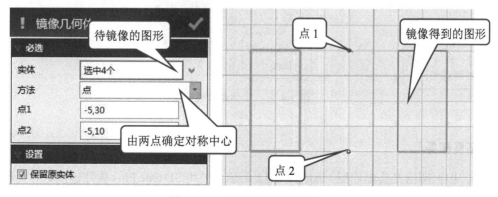

待镜像的图形

点1

镜像得到的图形

由两点确定对称中心

点2

图 3-4-8 平面图形两点镜像

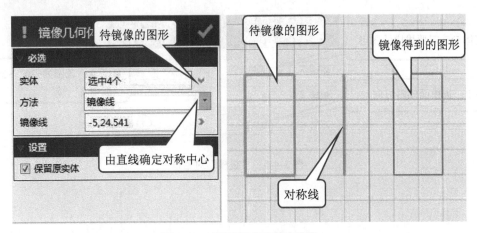

图 3-4-9　平面图形对称线镜像

（2）三维实体的镜像，也可通过"镜像"对话框来实现，如图 3-4-10、图 3-4-11 所示。

图 3-4-10　实体对称面镜像

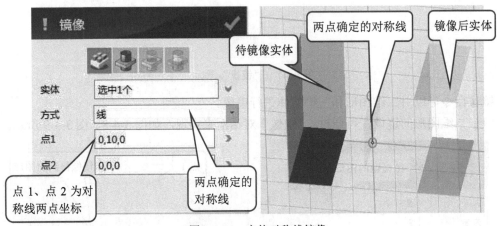

图 3-4-11　实体对称线镜像

拓展任务

1. 根据所给接头零件图，如图 3-4-12 所示，使用 3D One Plus 软件建模，并打印接头实物。

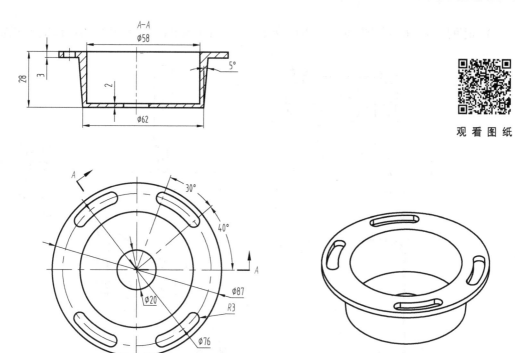

图 3-4-12 接头零件图

2. 根据所给箱体零件图，如图 3-4-13 所示，使用 3D One Plus 软件建模，并打印箱体实物。

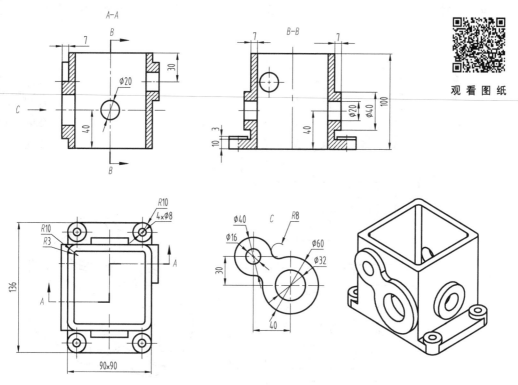

图 3-4-13 箱体零件图

3. 根据所给支架零件图，如图 3-4-14 所示，使用 3D One Plus 软件建模，并打印支架实物。

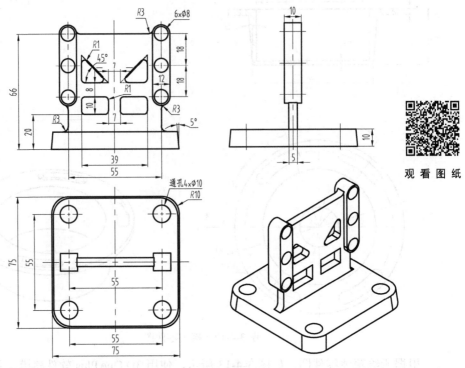

观看图纸

图 3-4-14　支架零件图

4. 根据所给多路接头零件图，如图 3-4-15 所示，使用 3D One Plus 软件建模，并打印多路接头实物。

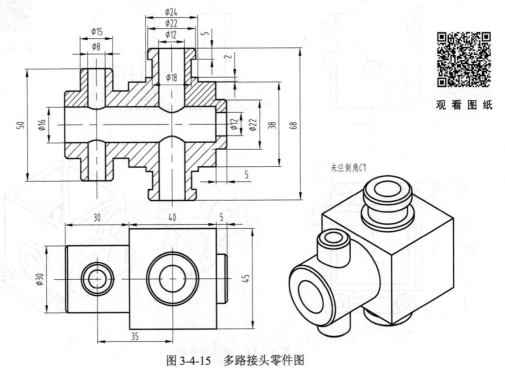

观看图纸

图 3-4-15　多路接头零件图

5. 根据所给底座零件图, 如图 3-4-16 所示, 使用 3D One Plus 软件建模, 并打印底座实物。

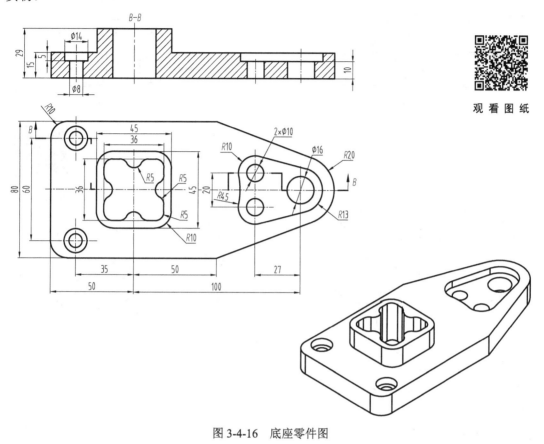

观看图纸

图 3-4-16 底座零件图

[任务 5] 风扇叶的建模和打印

学习目标

1. 能够识读风扇叶零件图。
2. 能够灵活应用阵列命令。
3. 能够完成风扇叶的建模。
4. 能够使用 3D 打印机打印出风扇叶的实物。

任务描述

根据所给的风扇叶零件图, 如图 3-5-1 所示, 使用 3D One Plus 软件建模, 并用 3D 打印机打印风扇叶实物。

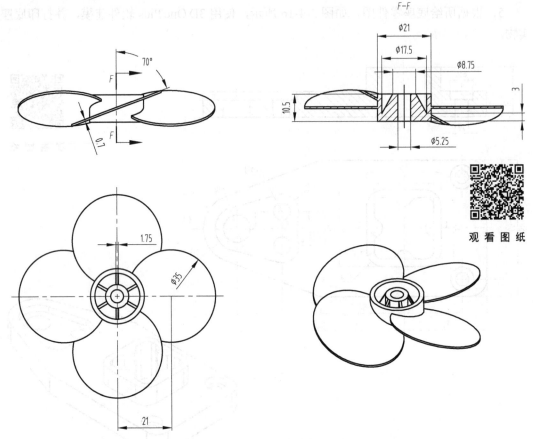

图 3-5-1 风扇叶零件图

📝 **任务分析**

根据任务描述，需要识读风扇叶的零件图，首先根据零件图所给尺寸使用软件完成风扇叶的建模，风扇叶的建模包括叶片建模和中心建模两个部分，然后将建模文件转换成 STL 文件，最后切片、打印得到风扇叶实物。

📝 **任务实施**

一、新建保存文件

新建建模文件"风扇叶.Z1"，并保存在所需的文件夹中。

二、风扇叶建模

风扇叶的建模分为两个部分，包括叶片建模和中心建模。

1. 叶片建模

叶片建模通过绘制一个圆柱、绘制一个叶片、阵列其余叶片等步骤完成，具体步骤见表 3-5-1。

观 看 视 频

表 3-5-1 叶片建模

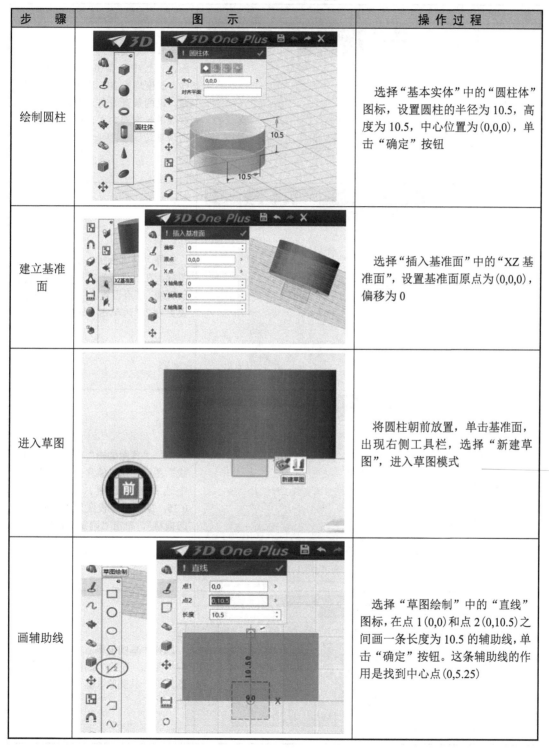

步 骤	图 示	操 作 过 程
绘制圆柱		选择"基本实体"中的"圆柱体"图标,设置圆柱的半径为 10.5,高度为 10.5,中心位置为 (0,0,0),单击"确定"按钮
建立基准面		选择"插入基准面"中的"XZ 基准面",设置基准面原点为 (0,0,0),偏移为 0
进入草图		将圆柱朝前放置,单击基准面,出现右侧工具栏,选择"新建草图",进入草图模式
画辅助线		选择"草图绘制"中的"直线"图标,在点 1 (0,0) 和点 2 (0,10.5) 之间画一条长度为 10.5 的辅助线,单击"确定"按钮。这条辅助线的作用是找到中心点 (0,5.25)

续表

步 骤	图 示	操 作 过 程
画扇叶线	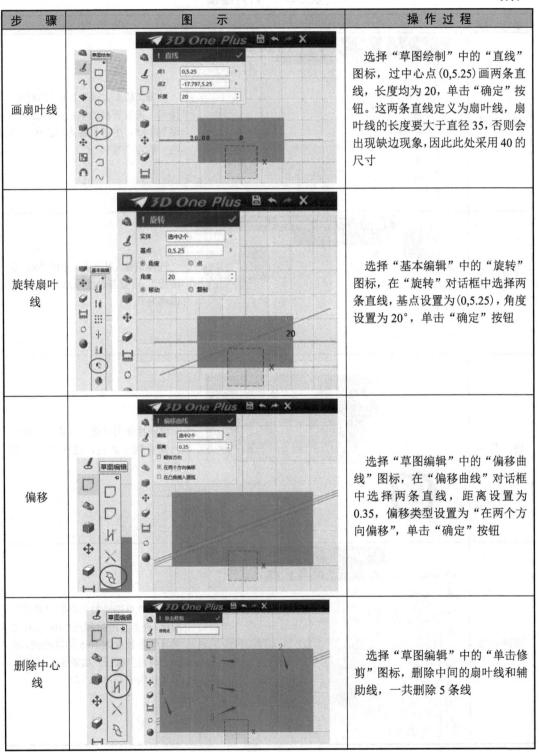	选择"草图绘制"中的"直线"图标，过中心点(0,5.25)画两条直线，长度均为20，单击"确定"按钮。这两条直线定义为扇叶线，扇叶线的长度要大于直径35，否则会出现缺边现象，因此此处采用40的尺寸
旋转扇叶线		选择"基本编辑"中的"旋转"图标，在"旋转"对话框中选择两条直线，基点设置为(0,5.25)，角度设置为20°，单击"确定"按钮
偏移		选择"草图编辑"中的"偏移曲线"图标，在"偏移曲线"对话框中选择两条直线，距离设置为0.35，偏移类型设置为"在两个方向偏移"，单击"确定"按钮
删除中心线		选择"草图编辑"中的"单击修剪"图标，删除中间的扇叶线和辅助线，一共删除5条线

续表

步　骤	图　示	操　作　过　程
闭合两条线	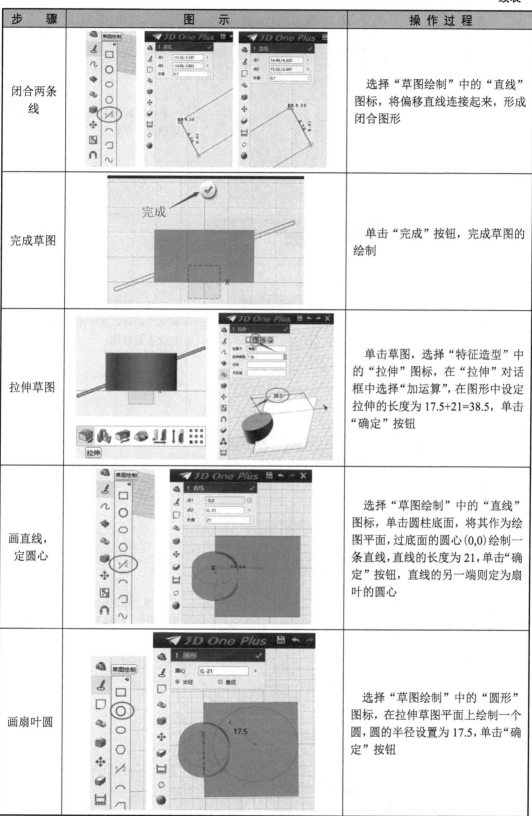	选择"草图绘制"中的"直线"图标，将偏移直线连接起来，形成闭合图形
完成草图		单击"完成"按钮，完成草图的绘制
拉伸草图		单击草图，选择"特征造型"中的"拉伸"图标，在"拉伸"对话框中选择"加运算"，在图形中设定拉伸的长度为17.5+21=38.5，单击"确定"按钮
画直线，定圆心		选择"草图绘制"中的"直线"图标，单击圆柱底面，将其作为绘图平面，过底面的圆心(0,0)绘制一条直线，直线的长度为21，单击"确定"按钮，直线的另一端则定为扇叶的圆心
画扇叶圆		选择"草图绘制"中的"圆形"图标，在拉伸草图平面上绘制一个圆，圆的半径设置为17.5，单击"确定"按钮

续表

步　骤	图　示	操 作 过 程
删除直线	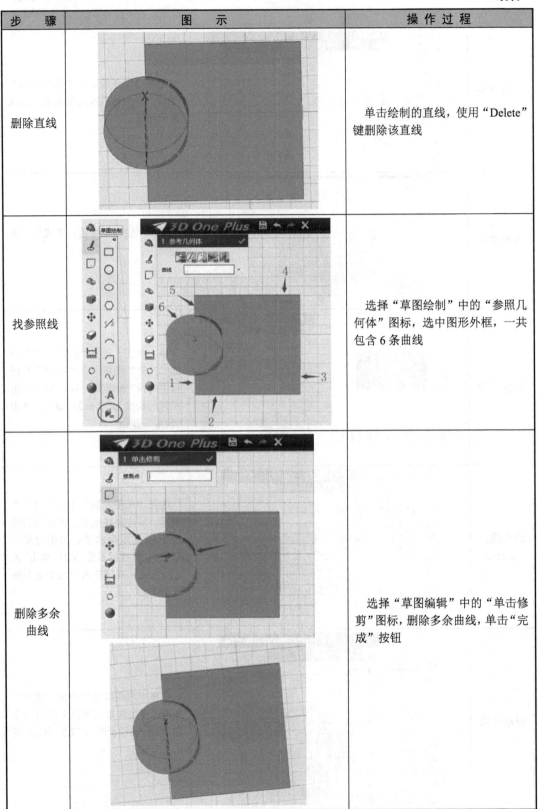	单击绘制的直线，使用"Delete"键删除该直线
找参照线		选择"草图绘制"中的"参照几何体"图标，选中图形外框，一共包含 6 条曲线
删除多余曲线		选择"草图编辑"中的"单击修剪"图标，删除多余曲线，单击"完成"按钮

续表

步　骤	图　　示	操　作　过　程
除去多余部分	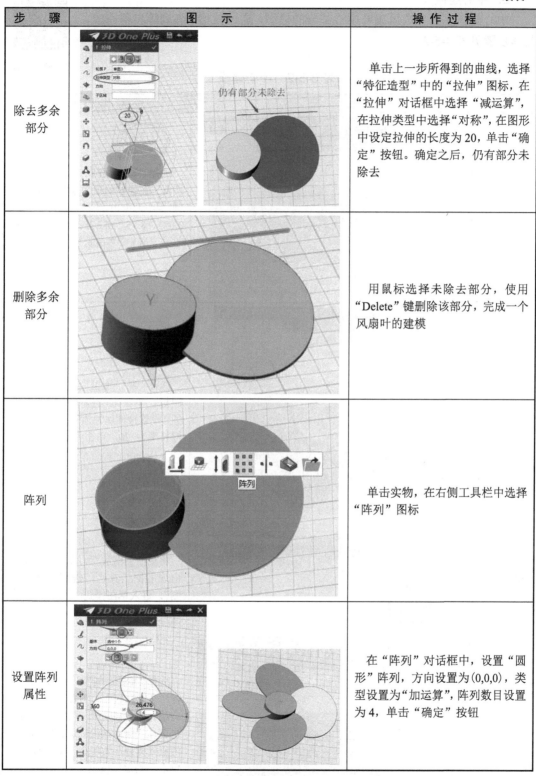	单击上一步所得到的曲线，选择"特征造型"中的"拉伸"图标，在"拉伸"对话框中选择"减运算"，在拉伸类型中选择"对称"，在图形中设定拉伸的长度为20，单击"确定"按钮。确定之后，仍有部分未除去
删除多余部分		用鼠标选择未除去部分，使用"Delete"键删除该部分，完成一个风扇叶的建模
阵列		单击实物，在右侧工具栏中选择"阵列"图标
设置阵列属性		在"阵列"对话框中，设置"圆形"阵列，方向设置为(0,0,0)，类型设置为"加运算"，阵列数目设置为4，单击"确定"按钮

2. 中心建模

中心建模主要完成风扇叶中心部分的模型，通过挖槽、阵列等步骤完成，具体步骤见表 3-5-2。

表 3-5-2　中心建模

步　骤	图　示	操 作 过 程
画同心圆	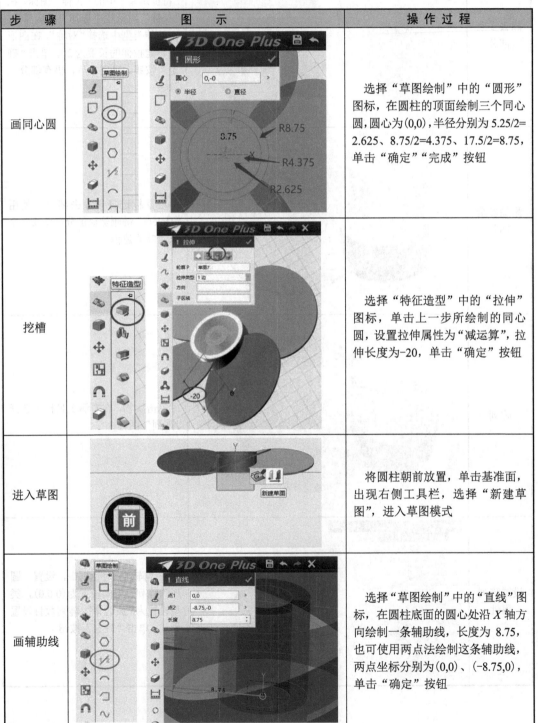	选择"草图绘制"中的"圆形"图标，在圆柱的顶面绘制三个同心圆，圆心为(0,0)，半径分别为 5.25/2=2.625、8.75/2=4.375、17.5/2=8.75，单击"确定""完成"按钮
挖槽		选择"特征造型"中的"拉伸"图标，单击上一步所绘制的同心圆，设置拉伸属性为"减运算"，拉伸长度为 -20，单击"确定"按钮
进入草图		将圆柱朝前放置，单击基准面，出现右侧工具栏，选择"新建草图"，进入草图模式
画辅助线		选择"草图绘制"中的"直线"图标，在圆柱底面的圆心处沿 X 轴方向绘制一条辅助线，长度为 8.75，也可使用两点法绘制这条辅助线，两点坐标分别为(0,0)、(-8.75,0)，单击"确定"按钮

步　骤	图　示	操 作 过 程
画垂直直线	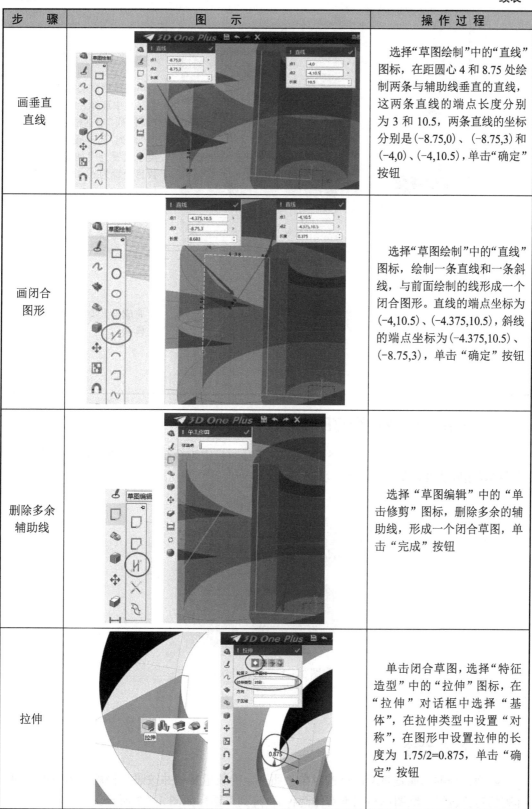	选择"草图绘制"中的"直线"图标,在距圆心4和8.75处绘制两条与辅助线垂直的直线,这两条直线的端点长度分别为3和10.5,两条直线的坐标分别是(-8.75,0)、(-8.75,3)和(-4,0)、(-4,10.5),单击"确定"按钮
画闭合图形		选择"草图绘制"中的"直线"图标,绘制一条直线和一条斜线,与前面绘制的线形成一个闭合图形。直线的端点坐标为(-4,10.5)、(-4.375,10.5),斜线的端点坐标为(-4.375,10.5)、(-8.75,3),单击"确定"按钮
删除多余辅助线		选择"草图编辑"中的"单击修剪"图标,删除多余的辅助线,形成一个闭合草图,单击"完成"按钮
拉伸		单击闭合草图,选择"特征造型"中的"拉伸"图标,在"拉伸"对话框中选择"基体",在拉伸类型中设置"对称",在图形中设置拉伸的长度为1.75/2=0.875,单击"确定"按钮

续表

步　骤	图　示	操　作　过　程
阵列		单击拉伸后的实物，在右侧工具栏中选择"阵列"图标，在"阵列"对话框中，设置"圆形"阵列，方向设置为(0,0,0)，类型设置为"加运算"，阵列数目设置为6，单击"确定"按钮
完成		完成以上步骤，得到风扇叶的模型

三、导出 STL 文件和打印实物

将"风扇叶.Z1"文件转换为 STL 文件，在打印机中进行打印，并进行打印后处理，最后得到风扇叶实物，如图 3-5-2 所示。

图 3-5-2　风扇叶实物

 知识链接

一、阵列命令

阵列命令的功能是将所选择的对象按照一定的数量复制并按照某种规则和间距排列，阵列的对象包括二维图形和三维实体两种。"阵列"图标如图 3-5-3 所示。

图 3-5-3　"阵列"图标

根据不同对象，阵列命令的选择方式不一样。对于二维图形的阵列，可通过"基本编辑"中的"阵列"图标来实现，如图 3-5-4 所示。对于三维实体的阵列，除上述选择方式外，还可以直接单击三维实体，在右边弹出的工具栏中选择"阵列"图标来实现，如图 3-5-5 所示。

图 3-5-4　二维图形阵列命令的选择

图 3-5-5　三维实体阵列命令的选择

1. 二维图形的阵列

对于二维图形而言，选择阵列命令后，弹出"阵列"对话框。在对话框中设置阵列的属性，完成二维图形的阵列。二维图形的阵列包括线性阵列和圆形阵列两种。

在"阵列"对话框中单击"线性阵列"按钮，对话框中出现线性阵列的属性，包括基体、方向、数目、间距距离等，如图 3-5-6 所示。

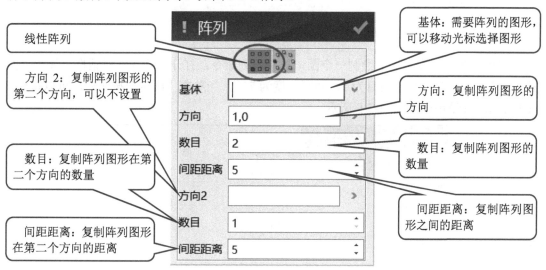

图 3-5-6　二维图形的线性"阵列"对话框

以圆为例，在平面上绘制一个圆，选择阵列命令，打开"阵列"对话框，设置线性阵列，第一方向为 X 轴方向，数目为 3，间距距离为 6；第二方向为 Y 轴方向，数目为 2，间距距离为 7。当单击"确定"按钮后，可以得到 6 个圆，如图 3-5-7 所示。

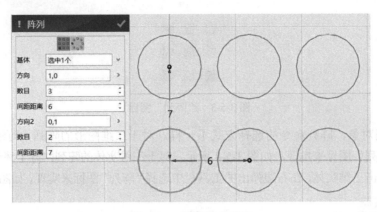

图 3-5-7　圆的线性阵列

在"阵列"对话框中单击"圆形阵列"按钮，对话框中出现圆形阵列的属性，包括基体、圆心、数目、间距角度等，如图 3-5-8 所示。

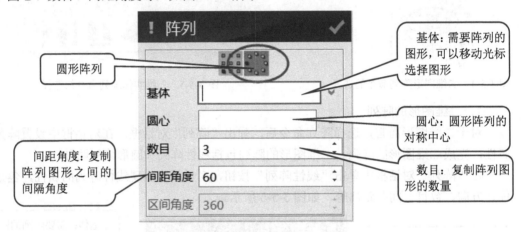

图 3-5-8　二维图形的圆形"阵列"对话框

仍以圆为例，在平面上绘制一个圆，选择阵列命令，打开"阵列"对话框，设置"圆形阵列"，圆心为(5,5)，数目为 5，间距角度为 72°，当单击"确定"按钮后，可以得到 5个按圆形排列的圆，如图 3-5-9 所示。

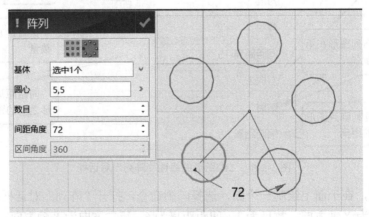

图 3-5-9　圆的圆形阵列

2．三维实体

对于三维实体而言，选择阵列命令后，弹出"阵列"对话框。在对话框中设置阵列的属性，完成三维实体的阵列。三维实体的阵列包括线性阵列、圆形阵列和曲线阵列三种。

1）线性阵列

在"阵列"对话框中单击"线性阵列"按钮，对话框中出现线性阵列的属性，包括基体、方向、方向 D 和四种实体运算属性，如图 5-3-10 所示。阵列的数目、间距距离等属性不在对话框中设置，而在具体的阵列实体中设置。

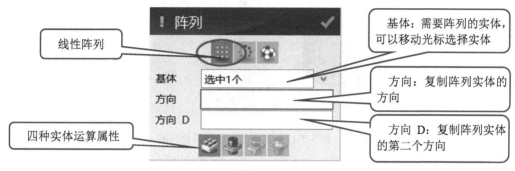

图 3-5-10　三维实体的线性"阵列"对话框

对话框下面的实体运算属性包括创建选中实体、加运算、减运算和交运算四种，如图 3-5-11 所示。

图 3-5-11　实体运算属性

（1）创建选中实体：阵列的普通模式，阵列后的实体为独立实体。

（2）加运算：阵列后得到的实体与其他相连的实体组合成一个实体。

（3）减运算：删除阵列后的实体及其他与之重合的实体部分。

（4）交运算：阵列后得到的实体与其他实体的重合部分被保留，其余部分被删除。

通过实例来了解这四种实体运算的含义，以圆柱为例，在"阵列"对话框中设置阵列属性为线性，方向为 X 轴方向，创建选中实体。在圆柱的阵列实体中设置阵列间距距离为 10，阵列数目为 3，完成后得到 3 个圆柱，如图 3-5-12 所示。

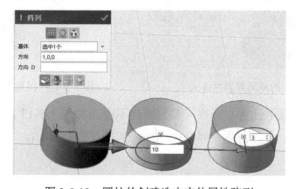

图 3-5-12　圆柱的创建选中实体属性阵列

为了清楚其他运算的含义，仍以圆柱为例，在旁边加入一个圆锥作为参照物。在"阵列"对话框中设置加运算，其他属性不变，如图 3-5-13 所示。得到一个圆柱和圆锥的组合实体，如图 3-5-14 所示。

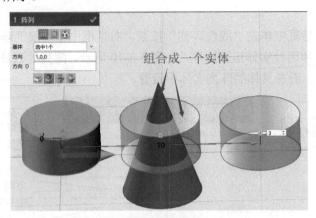

图 3-5-13　圆柱的加运算属性阵列

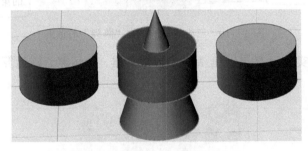

图 3-5-14　圆柱和圆锥的组合实体

在"阵列"对话框中设置减运算，其他属性不变，如图 3-5-15 所示。得到一个圆锥的上、下两个部分即小圆锥和圆台，中间部分被删除，如图 3-5-16 所示。

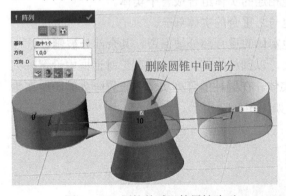

图 3-5-15　圆柱的减运算属性阵列

图 3-5-16　减运算后得到的小圆锥和圆台

在"阵列"对话框中设置交运算，其他属性不变，如图 3-5-17 所示。得到一个圆锥的中间部分即一个圆台，上、下两个部分被删除，如图 3-5-18 所示。

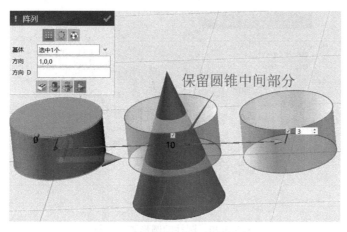

图 3-5-17　圆柱的交运算属性阵列

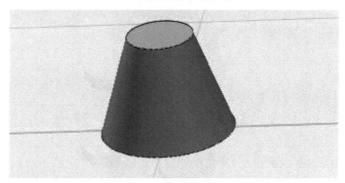

图 3-5-18　交运算后得到的圆台

2）圆形阵列

在"阵列"对话框中单击"圆形阵列"按钮，对话框中出现圆形阵列的属性，包括基体、方向和四种实体运算属性，如图 3-5-19 所示。阵列的数目、间距距离等属性不在对话框中设置，而在具体的阵列实体中设置。

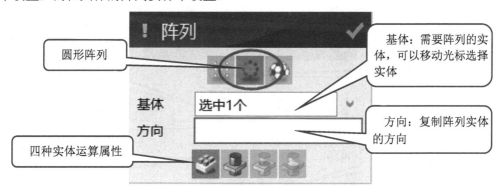

图 3-5-19　三维实体的圆形"阵列"对话框

仍以圆柱为例，在"阵列"对话框中设置阵列属性为圆形，方向为 Z 轴方向，创建选中实体。在圆柱的阵列实体中设置阵列间距距离为 10，阵列数目为 5，阵列角度为 360°，如图 3-5-20 所示。完成后得到 5 个圆柱，如图 3-5-21 所示。

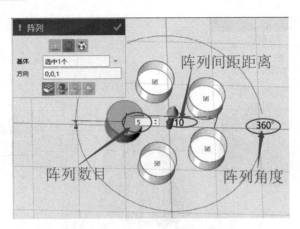

图 3-5-20　圆柱的圆形阵列设置

图 3-5-21　圆柱的圆形阵列

3）曲线阵列

在"阵列"对话框中单击"曲线阵列"按钮，对话框中出现曲线阵列的属性，包括基体、边界、间距和四种实体运算属性，如图 3-5-22 所示。阵列的数目属性不在对话框中设置，而在具体的阵列实体中设置。

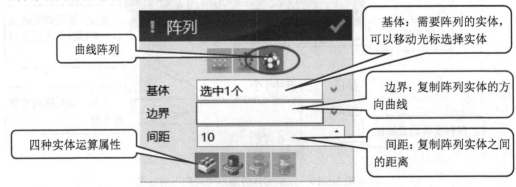

图 3-5-22　三维实体的曲线"阵列"对话框

仍以圆柱为例，在圆柱的底面绘制一条曲线，在"阵列"对话框中设置阵列属性为曲线，边界选择曲线，间距为 8，创建选中实体。在圆柱的阵列实体中设置阵列数目为 5，完成后得到 5 个按曲线排列的圆柱，如图 3-5-23 所示。

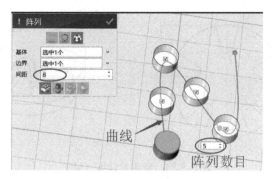

图 3-5-23 圆柱的曲线阵列

拓展任务

1. 根据所给杯盖零件图，如图 3-5-24 所示，使用 3D One Plus 软件建模，并打印杯盖实物。

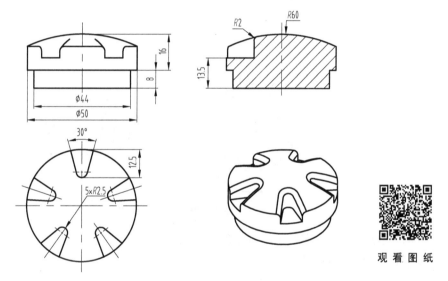

观 看 图 纸

图 3-5-24 杯盖零件图

2. 根据所给瓶盖零件图，如图 3-5-25 所示，使用 3D One Plus 软件建模，并打印瓶盖实物。

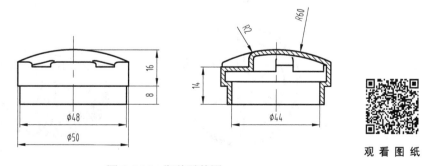

观 看 图 纸

图 3-5-25 瓶盖零件图

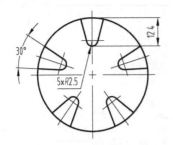

图 3-5-25　瓶盖零件图（续）

3．根据所给齿轮零件图，如图 3-5-26 所示，其中齿数为 16 个，使用 3D One Plus 软件建模，并打印齿轮实物。

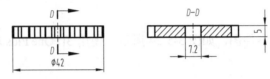

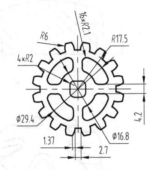

观 看 图 纸

图 3-5-26　齿轮零件图

4．根据所给车轮零件图，如图 3-5-27 所示，其中胎纹数为 36 个，使用 3D One Plus 软件建模，并打印车轮实物。

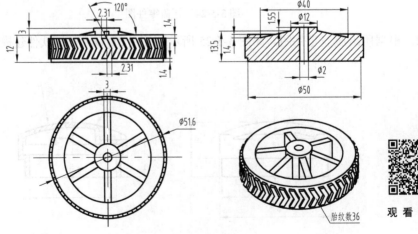

观 看 图 纸

图 3-5-27　车轮零件图

5. 根据所给餐盘零件图，如图 3-5-28 所示，其中花纹数为 40 个，使用 3D One Plus 软件建模，并打印餐盘实物。

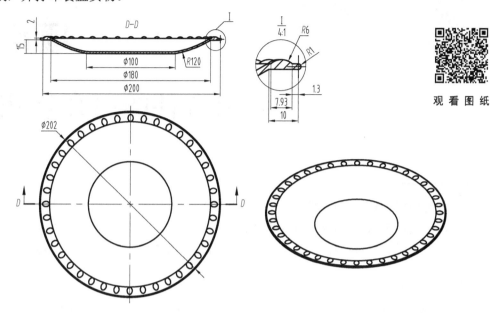

观看图纸

图 3-5-28 餐盘零件图

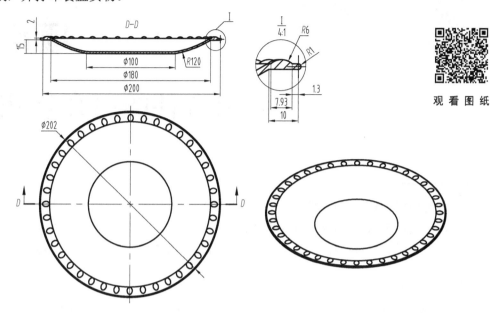

项目评价

通过本项目的学习，我们学习了零件的绘制和打印，请花一点时间进行总结，回顾自己哪些方面得到了提升，哪些方面仍需要加油，在自我评价的基础上，还可以让教师或同学进行评价，这样评价就更客观了。请填写项目评价表，见表 3-6-1。

表 3-6-1 项目评价表

序号	内容	自我评价			他人评价		
		优秀	学会	需要加油	优秀	学会	需要加油
1	弯管的建模和打印						
2	发条的建模和打印						
3	拨盘的建模和打印						
4	开关面板的建模和打印						
5	风扇叶的建模和打印						
自我体会（有哪些收获、哪些不足）：							
小组对你的评价（技能操作、学习方面）：							
教师对你的评价（技能操作、学习方面）：							

项目四

组合件的打印和组装

学习目标

1. 能够使用 3D One Plus 软件建模并使用 3D 打印机打印出手摇风扇的实物并组装。
2. 能够使用 3D One Plus 软件建模并使用 3D 打印机打印出风车的实物并组装。
3. 能够使用 3D One Plus 软件建模并使用 3D 打印机打印出发条小车的实物并组装。

项目描述

根据所给的手摇风扇、风车和发条小车等组件的零件尺寸图，使用 3D One Plus 软件中的相关工具进行建模，将得到的 Z1 文件导出为 STL 文件，再将 STL 文件加载到 3D 打印软件系统中进行切片，并用 3D 打印机打印模型实物，进行简单的处理后得到光滑的模型实物并组装。

项目分析

根据项目描述，需要识读组装图和零件图，按照图中的尺寸要求进行建模，打印实物大致需要进行 3D One Plus 软件建模、切片、打印和打印后处理等步骤。打印完成后需要将各零件组装起来，实现一定的机械转动。

任务 1 手摇风扇的打印和组装

学习目标

1. 能够识读手摇风扇组装图和零件图。
2. 能够完成手摇风扇零件的建模。
3. 能够使用 3D 打印机打印出手摇风扇的零件。
4. 能够完成手摇风扇的组装。

任务描述

根据所给的手摇风扇的组装图和零件图，如图 4-1-1～图 4-1-7 所示，使用 3D One Plus 软件进行各零件的建模，使用 3D 打印机打印手摇风扇各零件，将这些零件组装成手摇风扇。

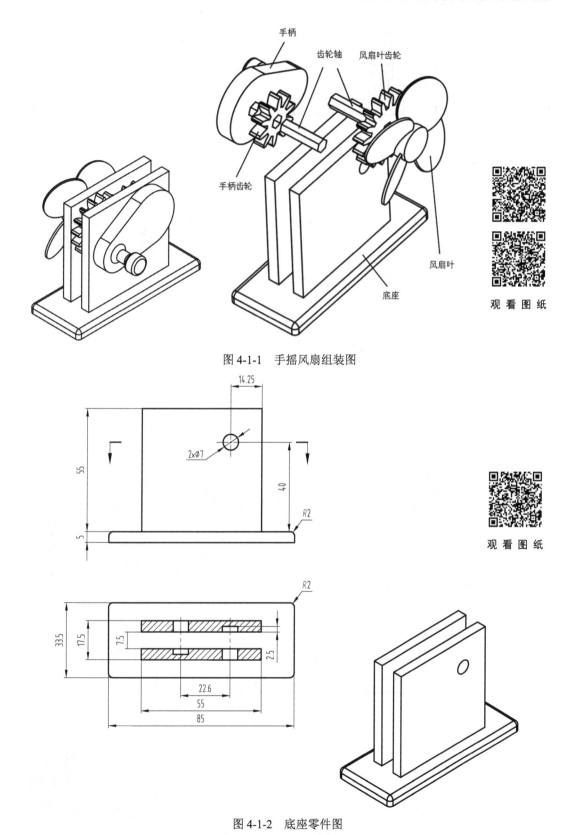

图 4-1-1　手摇风扇组装图

图 4-1-2　底座零件图

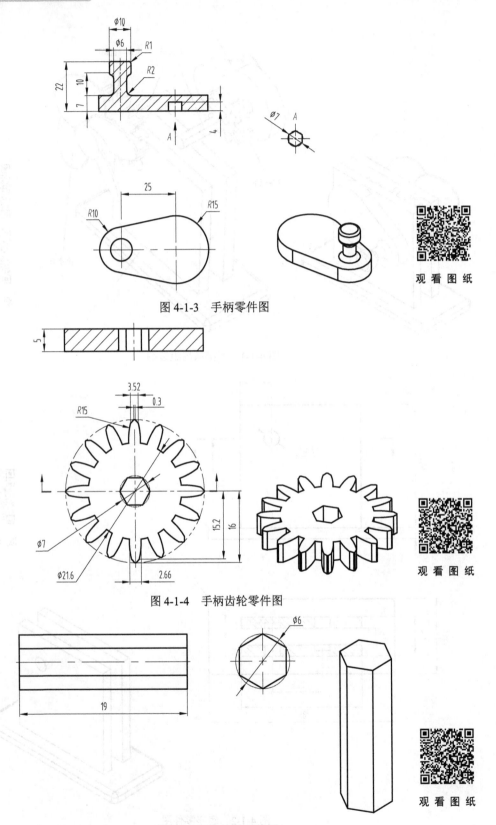

图 4-1-3　手柄零件图

图 4-1-4　手柄齿轮零件图

图 4-1-5　齿轮轴零件图

观看图纸

观看图纸

观看图纸

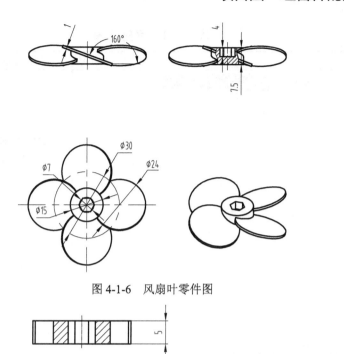

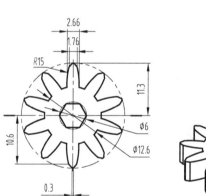

图 4-1-6 风扇叶零件图

观 看 图 纸

图 4-1-7 风扇叶齿轮零件图

观 看 图 纸

📝 任务分析

根据任务描述，需要识读手摇风扇的零件图，首先根据零件图所给尺寸使用软件完成手摇风扇零件的建模，然后将建模文件转换成 STL 文件，切片、打印得到手摇风扇零件的实物，最后将打印好的手摇风扇零件组装起来。

📝 任务实施

一、手摇风扇零件的建模

1. 底座建模

底座建模通过绘制矩形、绘制圆、拉伸等步骤完成，具体步骤见表 4-1-1。

表 4-1-1　底座建模

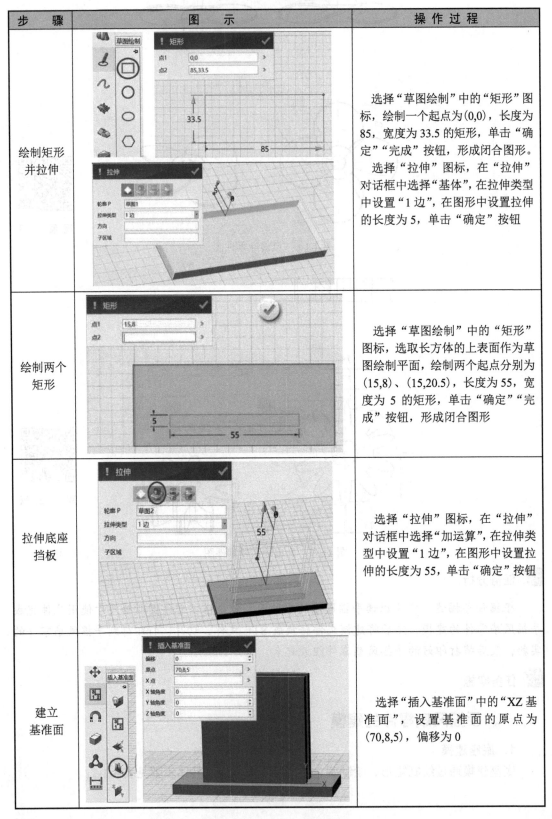

步　骤	图　示	操 作 过 程
绘制矩形并拉伸		选择"草图绘制"中的"矩形"图标，绘制一个起点为(0,0)，长度为85，宽度为33.5的矩形，单击"确定""完成"按钮，形成闭合图形。 选择"拉伸"图标，在"拉伸"对话框中选择"基体"，在拉伸类型中设置"1边"，在图形中设置拉伸的长度为5，单击"确定"按钮
绘制两个矩形		选择"草图绘制"中的"矩形"图标，选取长方体的上表面作为草图绘制平面，绘制两个起点分别为(15,8)、(15,20.5)，长度为55，宽度为5的矩形，单击"确定""完成"按钮，形成闭合图形
拉伸底座挡板		选择"拉伸"图标，在"拉伸"对话框中选择"加运算"，在拉伸类型中设置"1边"，在图形中设置拉伸的长度为55，单击"确定"按钮
建立基准面		选择"插入基准面"中的"XZ基准面"，设置基准面的原点为(70,8,5)，偏移为0

续表

步 骤	图 示	操 作 过 程
绘制圆	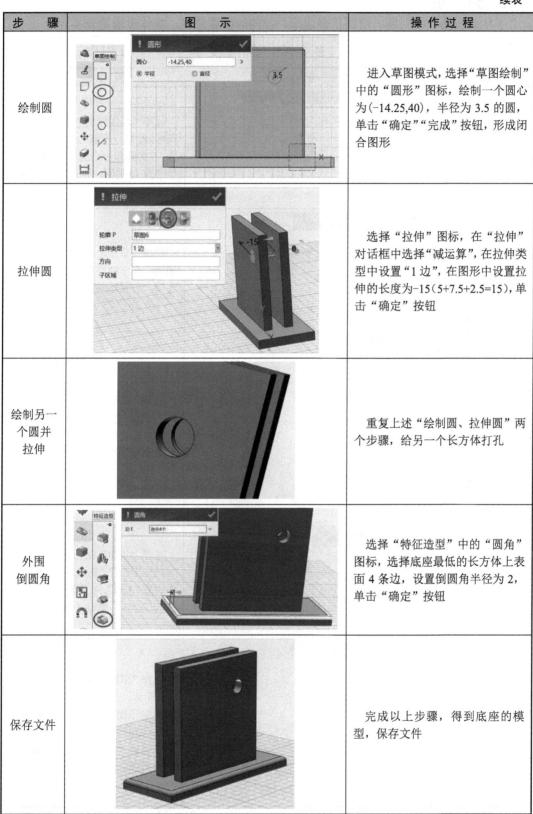	进入草图模式,选择"草图绘制"中的"圆形"图标,绘制一个圆心为(-14.25,40),半径为3.5的圆,单击"确定""完成"按钮,形成闭合图形
拉伸圆		选择"拉伸"图标,在"拉伸"对话框中选择"减运算",在拉伸类型中设置"1边",在图形中设置拉伸的长度为-15(5+7.5+2.5=15),单击"确定"按钮
绘制另一个圆并拉伸		重复上述"绘制圆、拉伸圆"两个步骤,给另一个长方体打孔
外围倒圆角		选择"特征造型"中的"圆角"图标,选择底座最低的长方体上表面4条边,设置倒圆角半径为2,单击"确定"按钮
保存文件		完成以上步骤,得到底座的模型,保存文件

2. 手柄建模

手柄建模通过绘制圆、绘制正多边形、拉伸等步骤完成，具体步骤见表 4-1-2。

表 4-1-2　手柄建模

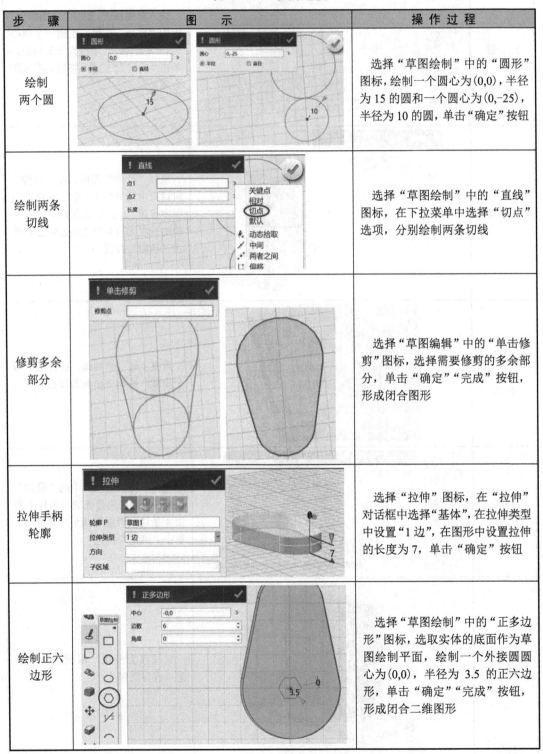

步　骤	图　示	操 作 过 程
绘制两个圆		选择"草图绘制"中的"圆形"图标，绘制一个圆心为(0,0)，半径为 15 的圆和一个圆心为(0,-25)，半径为 10 的圆，单击"确定"按钮
绘制两条切线		选择"草图绘制"中的"直线"图标，在下拉菜单中选择"切点"选项，分别绘制两条切线
修剪多余部分		选择"草图编辑"中的"单击修剪"图标，选择需要修剪的多余部分，单击"确定""完成"按钮，形成闭合图形
拉伸手柄轮廓		选择"拉伸"图标，在"拉伸"对话框中选择"基体"，在拉伸类型中设置"1 边"，在图形中设置拉伸的长度为 7，单击"确定"按钮
绘制正六边形		选择"草图绘制"中的"正多边形"图标，选取实体的底面作为草图绘制平面，绘制一个外接圆圆心为(0,0)，半径为 3.5 的正六边形，单击"确定""完成"按钮，形成闭合二维图形

续表

步　　骤	图　　示	操 作 过 程
拉伸正六边形	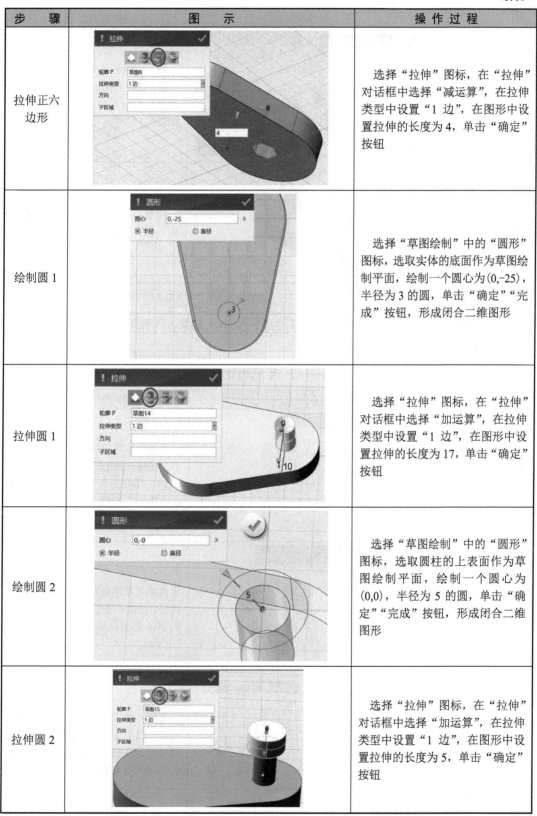	选择"拉伸"图标，在"拉伸"对话框中选择"减运算"，在拉伸类型中设置"1 边"，在图形中设置拉伸的长度为4，单击"确定"按钮
绘制圆1		选择"草图绘制"中的"圆形"图标，选取实体的底面作为草图绘制平面，绘制一个圆心为(0,-25)，半径为3的圆，单击"确定""完成"按钮，形成闭合二维图形
拉伸圆1		选择"拉伸"图标，在"拉伸"对话框中选择"加运算"，在拉伸类型中设置"1 边"，在图形中设置拉伸的长度为17，单击"确定"按钮
绘制圆2		选择"草图绘制"中的"圆形"图标，选取圆柱的上表面作为草图绘制平面，绘制一个圆心为(0,0)，半径为5的圆，单击"确定""完成"按钮，形成闭合二维图形
拉伸圆2		选择"拉伸"图标，在"拉伸"对话框中选择"加运算"，在拉伸类型中设置"1 边"，在图形中设置拉伸的长度为5，单击"确定"按钮

续表

步　骤	图　示	操　作　过　程
两个圆柱边缘倒圆角	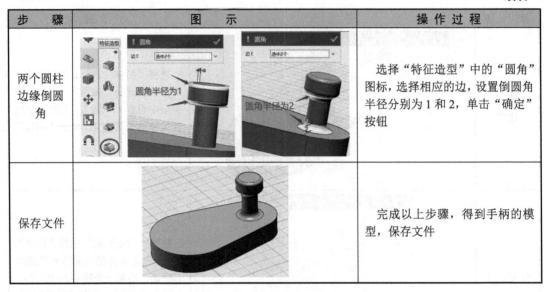	选择"特征造型"中的"圆角"图标，选择相应的边，设置倒圆角半径分别为 1 和 2，单击"确定"按钮
保存文件		完成以上步骤，得到手柄的模型，保存文件

3. 手柄齿轮建模

手柄齿轮建模通过绘制圆、绘制正多边形、拉伸、镜像、阵列等步骤完成，具体步骤见表 4-1-3。

表 4-1-3　手柄齿轮建模

步　骤	图　示	操　作　过　程
绘制正六边形	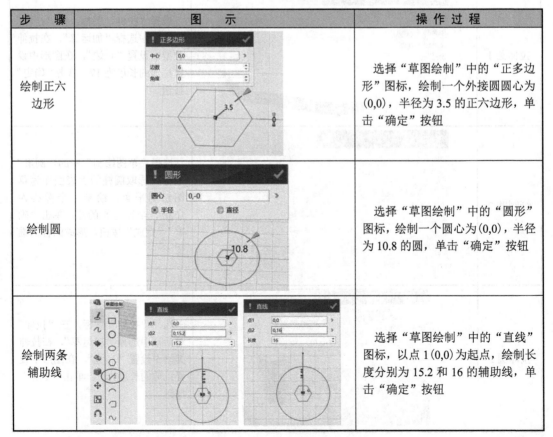	选择"草图绘制"中的"正多边形"图标，绘制一个外接圆圆心为 (0,0)，半径为 3.5 的正六边形，单击"确定"按钮
绘制圆		选择"草图绘制"中的"圆形"图标，绘制一个圆心为 (0,0)，半径为 10.8 的圆，单击"确定"按钮
绘制两条辅助线		选择"草图绘制"中的"直线"图标，以点 1 (0,0) 为起点，绘制长度分别为 15.2 和 16 的辅助线，单击"确定"按钮

续表

步　骤	图　示	操 作 过 程
偏移曲线	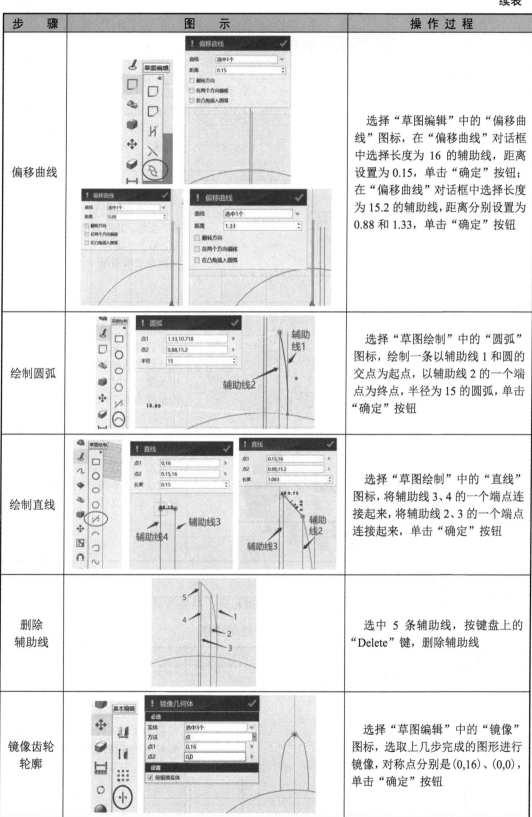	选择"草图编辑"中的"偏移曲线"图标,在"偏移曲线"对话框中选择长度为 16 的辅助线,距离设置为 0.15,单击"确定"按钮;在"偏移曲线"对话框中选择长度为 15.2 的辅助线,距离分别设置为 0.88 和 1.33,单击"确定"按钮
绘制圆弧		选择"草图绘制"中的"圆弧"图标,绘制一条以辅助线 1 和圆的交点为起点,以辅助线 2 的一个端点为终点,半径为 15 的圆弧,单击"确定"按钮
绘制直线		选择"草图绘制"中的"直线"图标,将辅助线 3、4 的一个端点连接起来,将辅助线 2、3 的一个端点连接起来,单击"确定"按钮
删除辅助线		选中 5 条辅助线,按键盘上的"Delete"键,删除辅助线
镜像齿轮轮廓		选择"草图编辑"中的"镜像"图标,选取上几步完成的图形进行镜像,对称点分别是(0,16)、(0,0),单击"确定"按钮

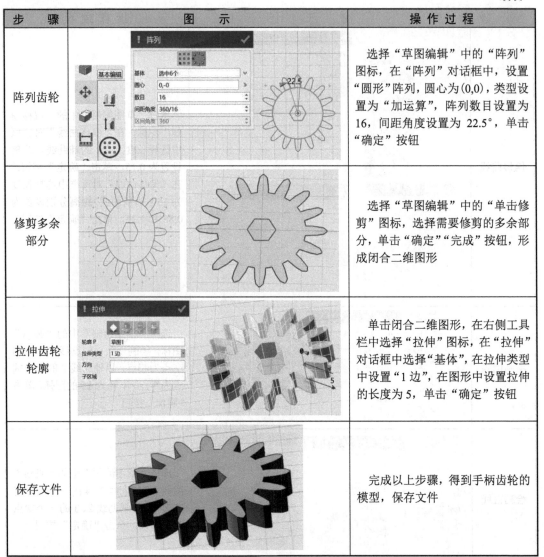

步　骤	图　示	操　作　过　程
阵列齿轮		选择"草图编辑"中的"阵列"图标，在"阵列"对话框中，设置"圆形"阵列，圆心为(0,0)，类型设置为"加运算"，阵列数目设置为16，间距角度设置为 22.5°，单击"确定"按钮
修剪多余部分		选择"草图编辑"中的"单击修剪"图标，选择需要修剪的多余部分，单击"确定""完成"按钮，形成闭合二维图形
拉伸齿轮轮廓		单击闭合二维图形，在右侧工具栏中选择"拉伸"图标，在"拉伸"对话框中选择"基体"，在拉伸类型中设置"1 边"，在图形中设置拉伸的长度为 5，单击"确定"按钮
保存文件		完成以上步骤，得到手柄齿轮的模型，保存文件

4．齿轮轴建模

齿轮轴建模通过绘制正六边形、拉伸等步骤完成，具体步骤见表 4-1-4。

表 4-1-4　齿轮轴建模

步　骤	图　示	操　作　过　程
绘制正六边形并拉伸		绘制一个外接圆圆心为(0,0)，半径为 3 的正六边形，在图形中设置拉伸的长度为 19，单击"确定"按钮

续表

步　骤	图　示	操 作 过 程
绘制正六边形并拉伸	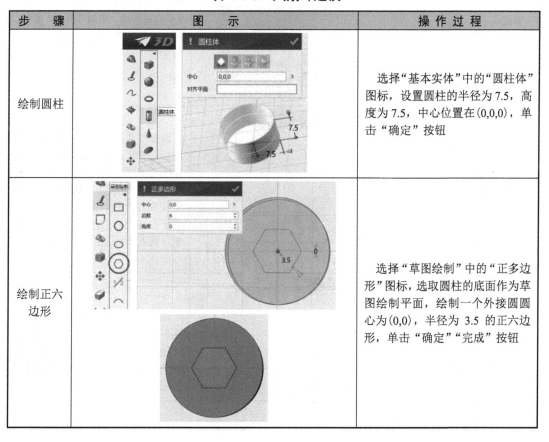	
保存文件		完成以上步骤，得到齿轮轴的模型，保存文件

5．风扇叶建模

风扇叶建模通过绘制圆柱、绘制风扇叶、阵列风扇叶等步骤完成，具体步骤见表 4-1-5。

表 4-1-5　风扇叶建模

步　骤	图　示	操 作 过 程
绘制圆柱		选择"基本实体"中的"圆柱体"图标，设置圆柱的半径为 7.5，高度为 7.5，中心位置在 (0,0,0)，单击"确定"按钮
绘制正六边形		选择"草图绘制"中的"正多边形"图标，选取圆柱的底面作为草图绘制平面，绘制一个外接圆圆心为 (0,0)，半径为 3.5 的正六边形，单击"确定""完成"按钮

步　骤	图　示	操 作 过 程
拉伸正六边形	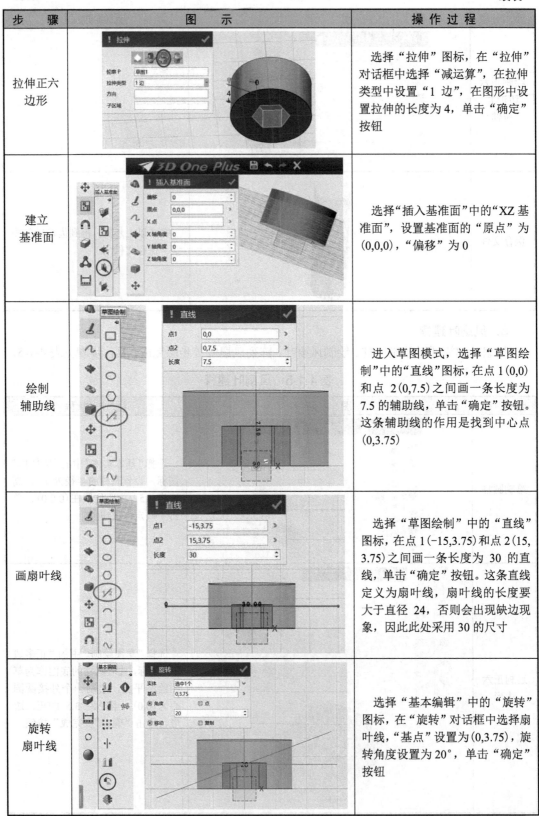	选择"拉伸"图标，在"拉伸"对话框中选择"减运算"，在拉伸类型中设置"1 边"，在图形中设置拉伸的长度为 4，单击"确定"按钮
建立基准面		选择"插入基准面"中的"XZ 基准面"，设置基准面的"原点"为 (0,0,0)，"偏移"为 0
绘制辅助线		进入草图模式，选择"草图绘制"中的"直线"图标，在点 1(0,0) 和点 2(0,7.5) 之间画一条长度为 7.5 的辅助线，单击"确定"按钮。这条辅助线的作用是找到中心点 (0,3.75)
画扇叶线		选择"草图绘制"中的"直线"图标，在点 1(-15,3.75) 和点 2(15, 3.75) 之间画一条长度为 30 的直线，单击"确定"按钮。这条直线定义为扇叶线，扇叶线的长度要大于直径 24，否则会出现缺边现象，因此此处采用 30 的尺寸
旋转扇叶线		选择"基本编辑"中的"旋转"图标，在"旋转"对话框中选择扇叶线，"基点"设置为(0,3.75)，旋转角度设置为 20°，单击"确定"按钮

续表

步　骤	图　　示	操　作　过　程
偏移曲线	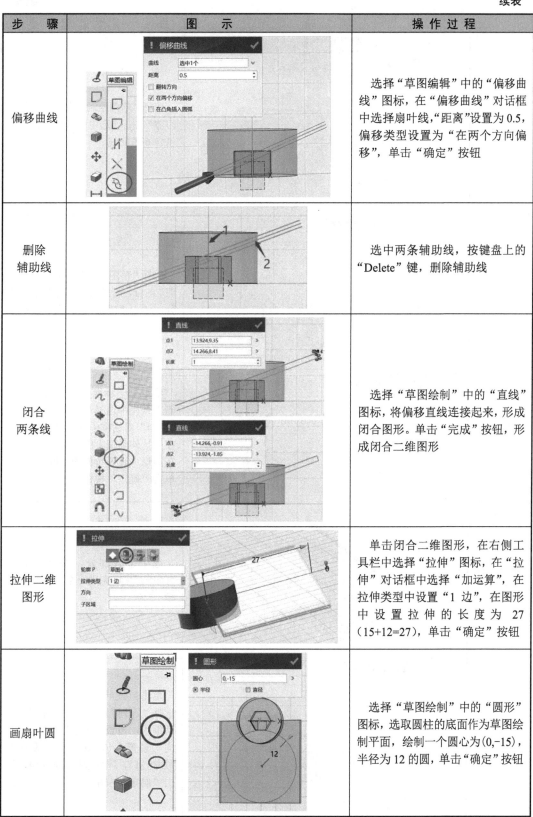	选择"草图编辑"中的"偏移曲线"图标，在"偏移曲线"对话框中选择扇叶线，"距离"设置为0.5，偏移类型设置为"在两个方向偏移"，单击"确定"按钮
删除辅助线		选中两条辅助线，按键盘上的"Delete"键，删除辅助线
闭合两条线		选择"草图绘制"中的"直线"图标，将偏移直线连接起来，形成闭合图形。单击"完成"按钮，形成闭合二维图形
拉伸二维图形		单击闭合二维图形，在右侧工具栏中选择"拉伸"图标，在"拉伸"对话框中选择"加运算"，在拉伸类型中设置"1 边"，在图形中设置拉伸的长度为 27（15+12=27），单击"确定"按钮
画扇叶圆		选择"草图绘制"中的"圆形"图标，选取圆柱的底面作为草图绘制平面，绘制一个圆心为(0,−15)，半径为12的圆，单击"确定"按钮

续表

步　骤	图　示	操 作 过 程
选择投影曲线	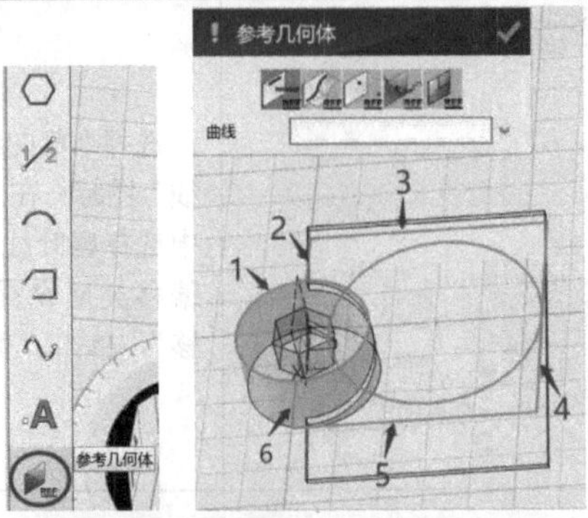	选择"草图绘制"中的"参考几何体"图标，选中图形外框，一共包含 6 条曲线
修剪多余部分	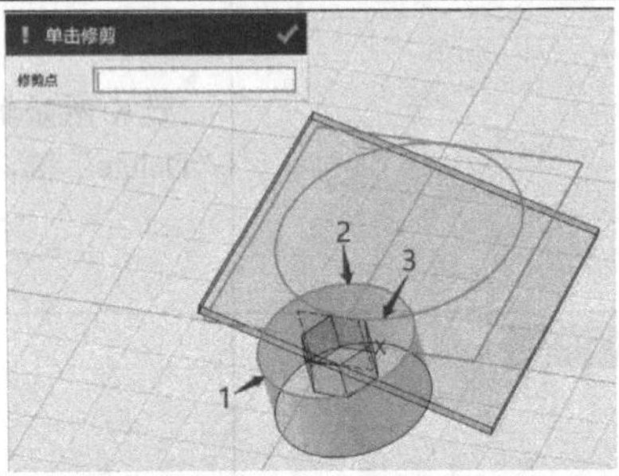	选择"草图编辑"中的"单击修剪"图标，选择需要修剪的多余部分，单击"确定""完成"按钮
拉伸风扇叶曲线	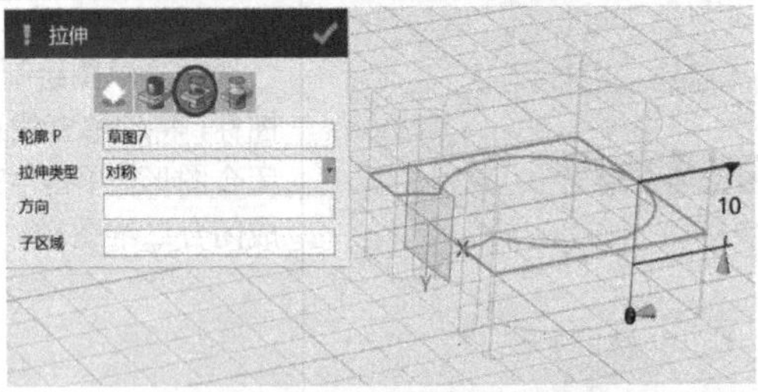	单击上一步得到的曲线，在右侧工具栏中选择"拉伸"图标，在"拉伸"对话框中选择"减运算"，在"拉伸类型"中设置"对称"，在图形中设置拉伸的长度为 10，单击"确定"按钮
删除多余部分	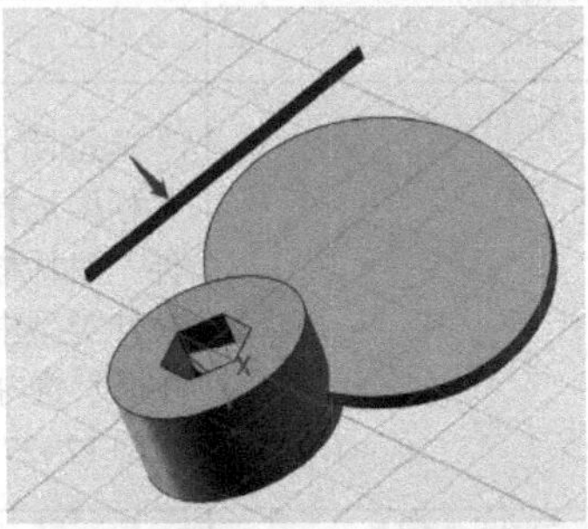	选中多余部分，按键盘上的"Delete"键，完成一个风扇叶的建模
阵列风扇叶	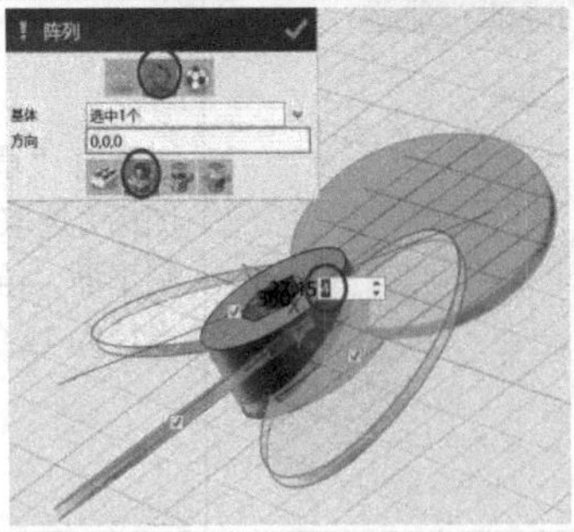	单击风扇叶，在右侧工具栏中选择"阵列"图标，在"阵列"对话框中，设置"圆形"阵列，"方向"设置为(0,0,0)，类型设置为"加运算"，阵列数目设置为4，单击"确定"按钮

续表

步　骤	图　示	操作过程
保存文件	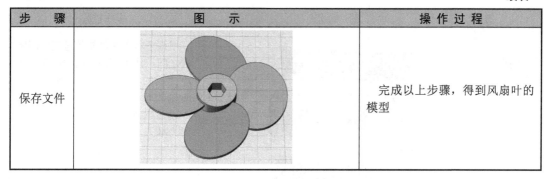	完成以上步骤，得到风扇叶的模型

6．风扇叶齿轮建模

风扇叶齿轮的建模方法与手柄齿轮一致，具体步骤参照表 4-1-3。

二、手摇风扇零件的打印

首先将所有零件建模保存的 Z1 文件分别转换为 STL 文件，然后将 STL 文件加载到 3D 打印软件系统中，进行切片，添加支撑物，导出切片数据 gcode 文件，最后保存到 SD 卡中，并插装到打印机上进行打印，打印后的手摇风扇零件如图 4-1-8 所示。

图 4-1-8　打印后的手摇风扇零件

三、手摇风扇的组装

将打印好的手摇风扇零件组装起来，具体步骤见表 4-1-6。

表 4-1-6　手摇风扇的组装

步　骤	图　示	操作过程
风扇叶齿轮、齿轮轴与底座连接	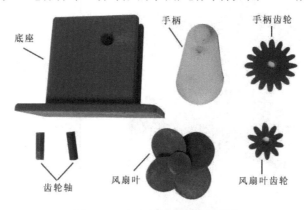	用镊子将风扇叶齿轮放进底座两竖板之间，让风扇叶齿轮的中心孔与底座竖板的其中一个通孔对齐，再将齿轮轴的一端放入通孔中，对准中心轻轻用力插入

续表

步　骤	图　示	操作过程
手柄齿轮、齿轮轴与底座连接	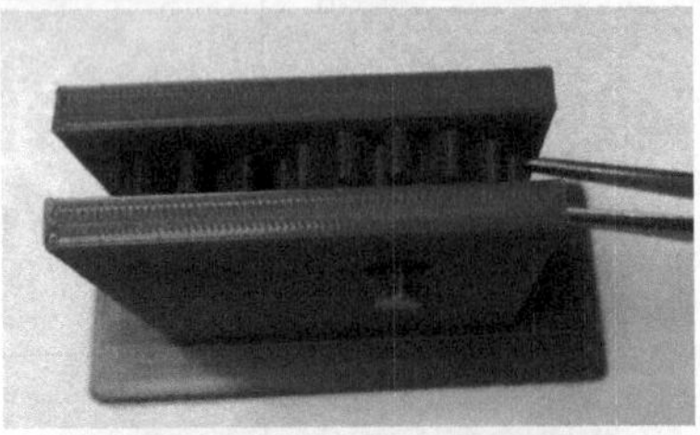	用镊子将手柄齿轮放进底座两竖板之间，让手柄齿轮的中心孔与底座竖板的另一个通孔对齐，并使两轮的轮齿接合，再将齿轮轴的一端放入通孔中，对准中心轻轻用力插入
风扇叶齿轮轴与风扇叶连接		将风扇叶齿轮轴另一端穿过底座的通孔，套到风扇叶的中心孔上
手柄齿轮轴与手柄连接	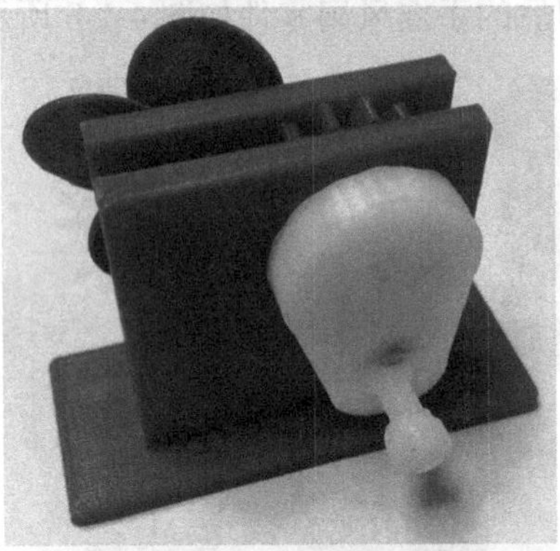	将手柄齿轮轴另一端穿过底座的通孔，套到手柄的通孔上
完成		完成以上步骤，手摇风扇组装完成

拓展任务

根据所给升降台组装图和零件图，如图 4-1-9～图 4-1-14 所示，使用 3D One Plus 软件建模，使用 3D 打印机打印升降台各零件，并将这些零件组装成升降台。

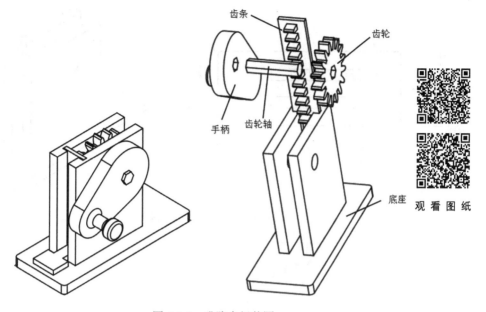

图 4-1-9　升降台组装图

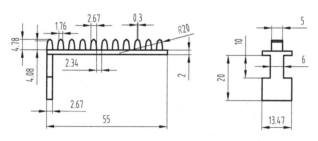

观看图纸

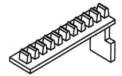

图 4-1-10　齿条零件图

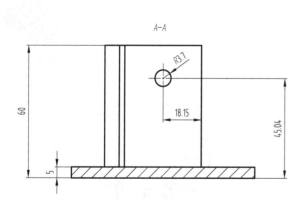

观看图纸

图 4-1-11　底座零件图

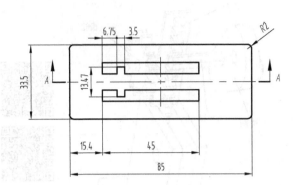
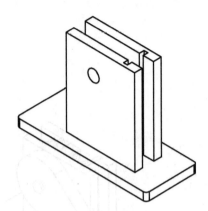

图 4-1-11　底座零件图（续）

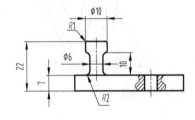

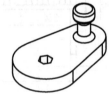

图 4-1-12　手柄零件图

观 看 图 纸

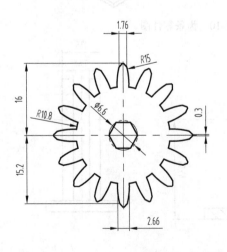

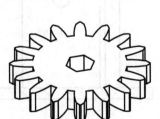

观 看 图 纸

图 4-1-13　齿轮零件图

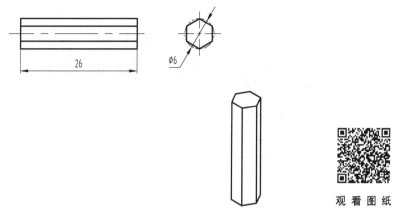

图 4-1-14　齿轮轴零件图

观看图纸

任务2　风车的打印和组装

学习目标

1. 能够识读风车组装图和零件图。
2. 能够完成风车各零件的建模。
3. 能够使用 3D 打印机打印出风车的零件。
4. 能够完成风车的组装。

任务描述

根据所给的风车组装图和零件图，如图 4-2-1～图 4-2-10 所示，使用 3D One Plus 软件进行各零件的建模，使用 3D 打印机打印风车各零件，并将这些零件组装成风车。

观看图纸

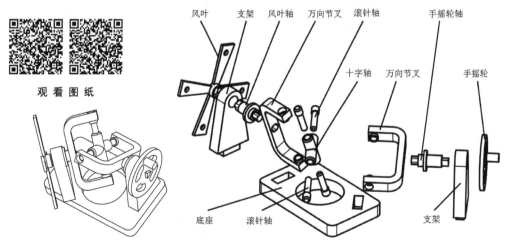

图 4-2-1　风车组装图

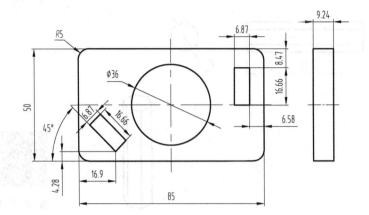

观 看 图 纸

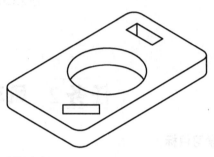

图 4-2-2　底座零件图

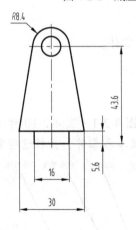

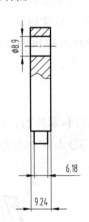

观 看 图 纸

图 4-2-3　支架零件图

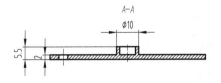

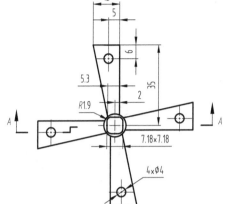

观 看 图 纸

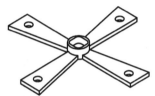

图 4-2-4　风叶零件图

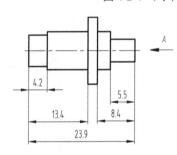

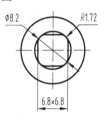

观 看 图 纸

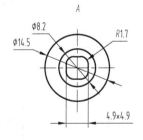

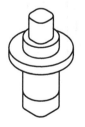

图 4-2-5　风叶轴零件图

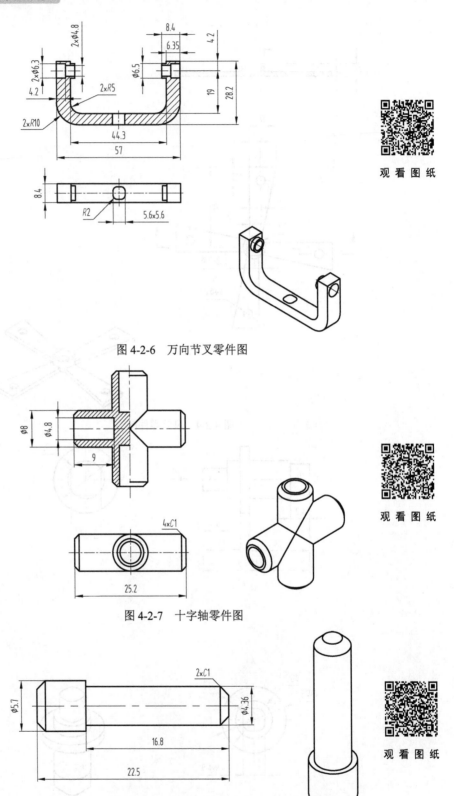

图 4-2-6 万向节叉零件图

图 4-2-7 十字轴零件图

图 4-2-8 滚针轴零件图

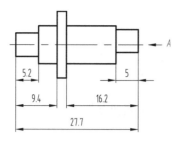

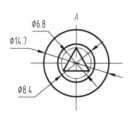

图 4-2-9　手摇轮轴零件图

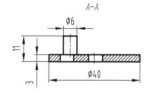

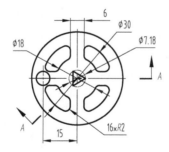

图 4-2-10　手摇轮零件图

📝 任务分析

　　根据任务描述，需要识读风车的零件图，首先根据 9 个零件图所给尺寸使用软件完成各零件的建模，然后将建模文件转换成 STL 文件，切片、打印得到风车零件的实物，最后将打印好的风车零件组装起来。

📝 任务实施

一、风车零件的建模

1．底座建模

底座建模包括绘制矩形、绘制小矩形、拉伸底座草图等，具体步骤见表 4-2-1。

表 4-2-1　底座建模

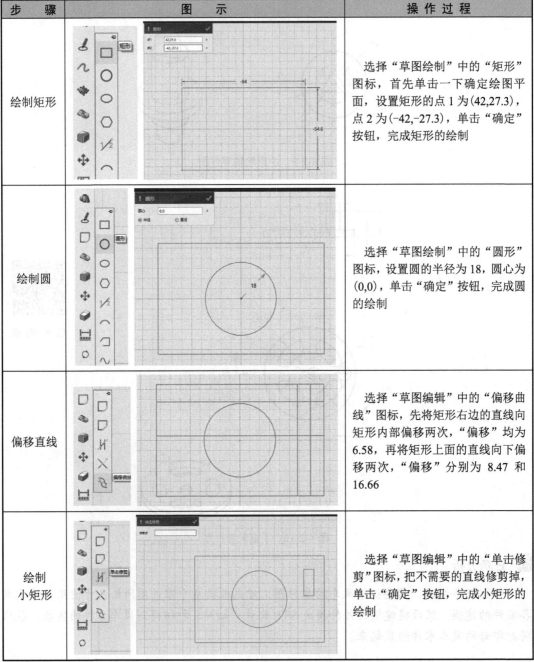

步　　骤	图　　示	操 作 过 程
绘制矩形		选择"草图绘制"中的"矩形"图标，首先单击一下确定绘图平面，设置矩形的点 1 为 (42,27.3)，点 2 为 (−42,−27.3)，单击"确定"按钮，完成矩形的绘制
绘制圆		选择"草图绘制"中的"圆形"图标，设置圆的半径为 18，圆心为 (0,0)，单击"确定"按钮，完成圆的绘制
偏移直线		选择"草图编辑"中的"偏移曲线"图标，先将矩形右边的直线向矩形内部偏移两次，"偏移"均为 6.58，再将矩形上面的直线向下偏移两次，"偏移"分别为 8.47 和 16.66
绘制小矩形		选择"草图编辑"中的"单击修剪"图标，把不需要的直线修剪掉，单击"确定"按钮，完成小矩形的绘制

步　骤	图　示	操 作 过 程
绘制第二个小矩形	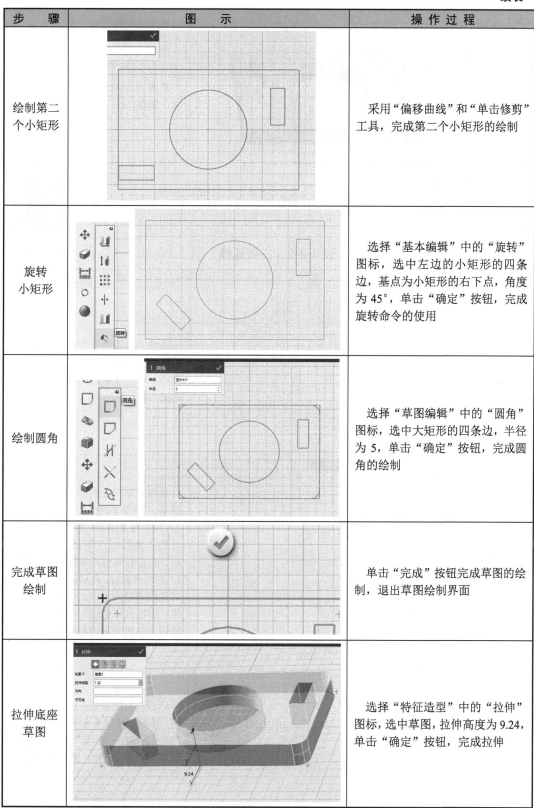	采用"偏移曲线"和"单击修剪"工具，完成第二个小矩形的绘制
旋转小矩形		选择"基本编辑"中的"旋转"图标，选中左边的小矩形的四条边，基点为小矩形的右下点，角度为45°，单击"确定"按钮，完成旋转命令的使用
绘制圆角		选择"草图编辑"中的"圆角"图标，选中大矩形的四条边，半径为 5，单击"确定"按钮，完成圆角的绘制
完成草图绘制		单击"完成"按钮完成草图的绘制，退出草图绘制界面
拉伸底座草图		选择"特征造型"中的"拉伸"图标，选中草图，拉伸高度为9.24，单击"确定"按钮，完成拉伸

续表

步　骤	图　示	操 作 过 程
保存文件	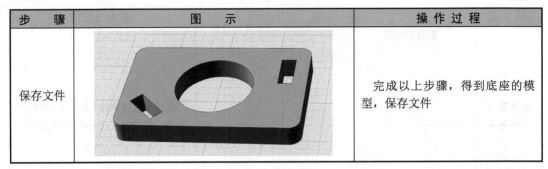	完成以上步骤，得到底座的模型，保存文件

2. 支架建模

支架建模包括绘制支架边框、设计支架、设计插柱等，具体步骤见表 4-2-2。

观 看 视 频

表 4-2-2　支架建模

步　骤	图　示	操 作 过 程
绘制同心圆		选择"草图绘制"中的"圆形"图标，绘制两个以中心点(0,0,0)为圆心，半径分别为 4.45 和 8.4 的同心圆
绘制支架边框		选择"草图绘制"中的"直线"图标，首先以中心点(0,0,0)为起点，向下竖直绘制一条长度为 38 的直线；然后以这条直线末端为端点，向左右两边各绘制一条长度为 15 的水平直线；最后以这两条水平直线的末端为起点，绘制外圆的切线（右击选择切点），单击"确定"按钮，完成支架边框的绘制
修剪		选择"草图编辑"中的"单击修剪"图标，修剪多余辅助线，单击"确定"按钮。单击"完成"按钮，完成草图的绘制，退出草图绘制界面

续表

步　骤	图　示	操 作 过 程
设计支架	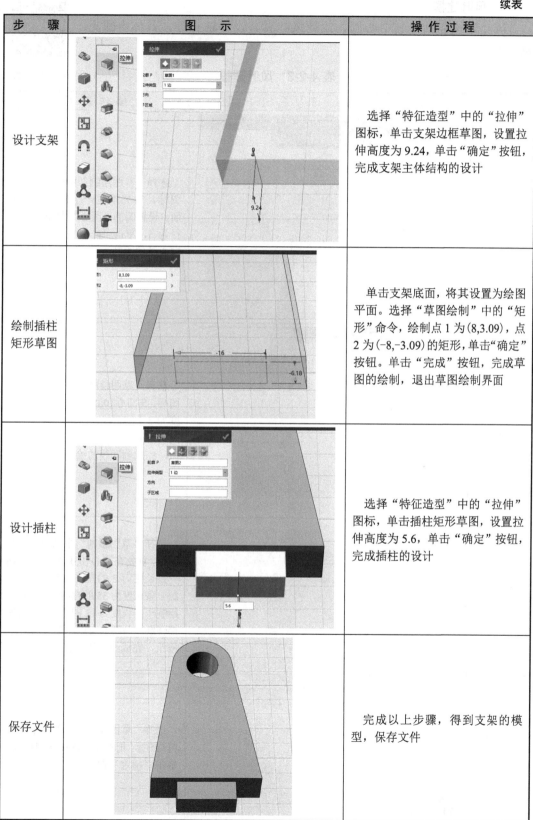	选择"特征造型"中的"拉伸"图标，单击支架边框草图，设置拉伸高度为9.24，单击"确定"按钮，完成支架主体结构的设计
绘制插柱矩形草图		单击支架底面，将其设置为绘图平面。选择"草图绘制"中的"矩形"命令，绘制点1为(8,3.09)，点2为(-8,-3.09)的矩形，单击"确定"按钮。单击"完成"按钮，完成草图的绘制，退出草图绘制界面
设计插柱		选择"特征造型"中的"拉伸"图标，单击插柱矩形草图，设置拉伸高度为5.6，单击"确定"按钮，完成插柱的设计
保存文件		完成以上步骤，得到支架的模型，保存文件

3. 风叶建模

风叶建模包括绘制中心圆、绘制风叶翼、设计轴孔等，具体步骤见表 4-2-3。

表 4-2-3　风叶建模

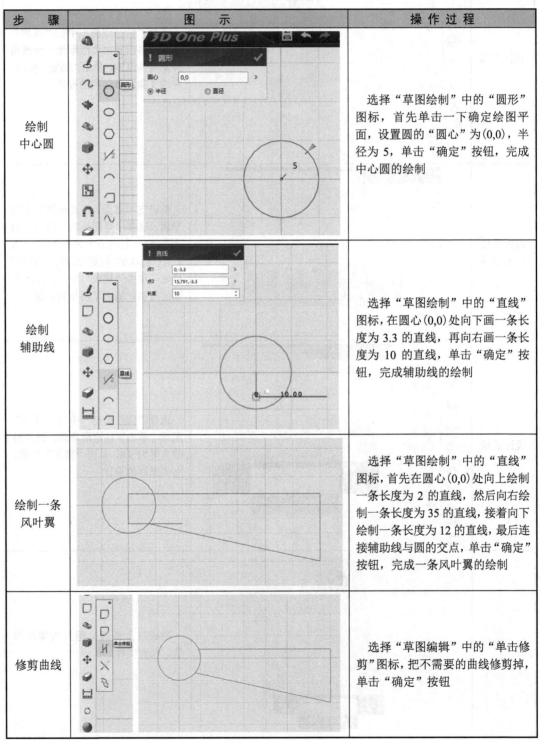

步　　骤	图　　示	操 作 过 程
绘制中心圆		选择"草图绘制"中的"圆形"图标，首先单击一下确定绘图平面，设置圆的"圆心"为(0,0)，半径为 5，单击"确定"按钮，完成中心圆的绘制
绘制辅助线		选择"草图绘制"中的"直线"图标，在圆心(0,0)处向下画一条长度为 3.3 的直线，再向右画一条长度为 10 的直线，单击"确定"按钮，完成辅助线的绘制
绘制一条风叶翼		选择"草图绘制"中的"直线"图标，首先在圆心(0,0)处向上绘制一条长度为 2 的直线，然后向右绘制一条长度为 35 的直线，接着向下绘制一条长度为 12 的直线，最后连接辅助线与圆的交点，单击"确定"按钮，完成一条风叶翼的绘制
修剪曲线		选择"草图编辑"中的"单击修剪"图标，把不需要的曲线修剪掉，单击"确定"按钮

步　骤	图　　示	操 作 过 程
偏移直线找圆心		选择"草图编辑"中的"偏移曲线"图标，将风叶翼右边的直线向左偏移 6，将风叶翼上边的直线向下偏移 5，两条偏移直线的交点即圆心
绘制小圆		选择"草图绘制"中的"圆形"图标，绘制半径为 2 的圆，并删除两条辅助线
绘制其他风叶翼		选择"基本编辑"中的"阵列"图标，选择"圆形阵列"，单击组成风叶翼的直线和圆，圆心为(0,0)，数目为 4，间距角度为 90°，单击"确定"按钮，完成所有风叶翼的绘制。修剪多余辅助线，单击"完成"按钮，完成风叶翼草图的绘制，退出草图绘制界面
设计风叶翼		选择"特征造型"中的"拉伸"图标，单击风叶翼草图，设置拉伸高度为 2，单击"确定"按钮
绘制圆		单击风叶翼底面，将其设置为绘图平面。选择"草图绘制"中的"圆形"图标，绘制以(0,0)为圆心，半径为 5 的圆，单击"确定"按钮，完成圆的绘制

步　骤	图　示	操 作 过 程
绘制矩形	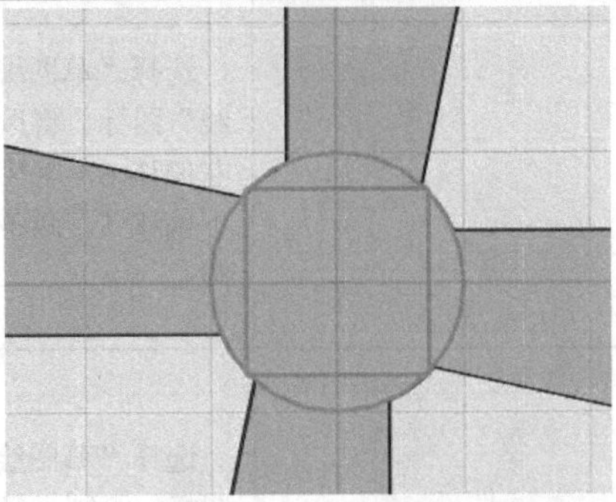	选择"草图绘制"中的"矩形"图标，绘制点 1 为(3.59,3.59)，点 2 为(−3.59,−3.59)的矩形，单击"确定"按钮，完成矩形的绘制
绘制圆角	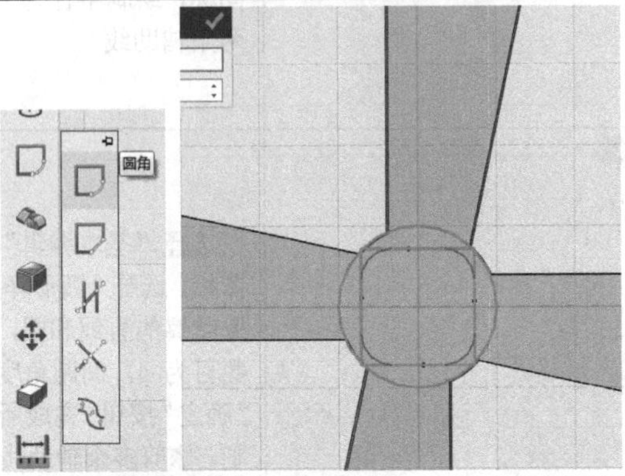	选择"草图编辑"中的"圆角"图标，选中矩形的 4 条边，设置半径为 1.9，单击"确定"按钮，完成圆角的绘制。单击"完成"按钮完成草图的绘制，退出草图绘制界面
设计轴孔	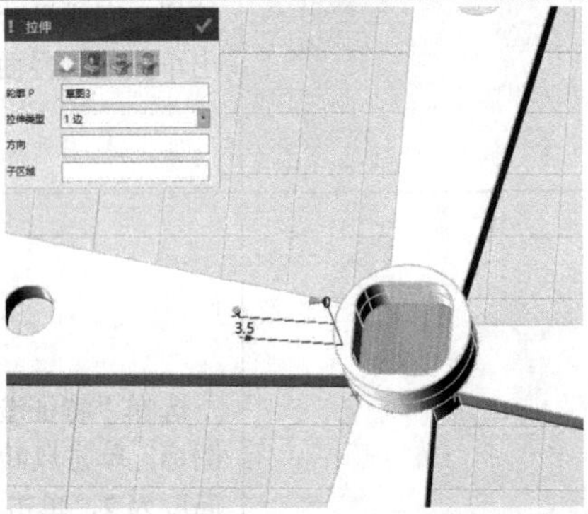	选择"特征造型"中的"拉伸"图标，单击草图，设置拉伸高度为 3.5，选择"加运算"，单击"确定"按钮，完成轴孔的设计
保存文件	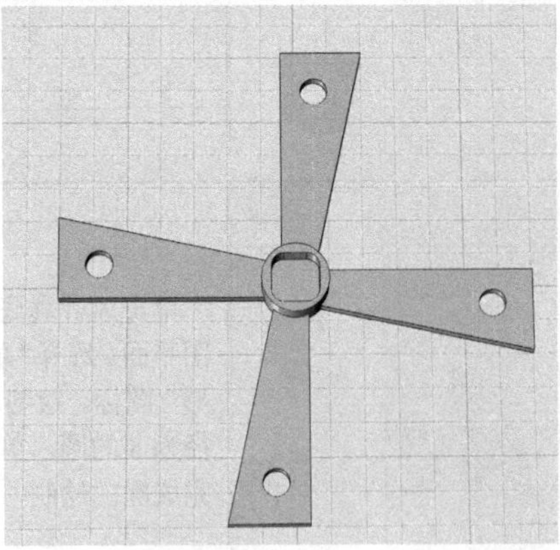	完成以上步骤，得到风叶的模型，保存文件

4．风叶轴建模

风叶轴建模包括设计圆柱、设计顶面轴、设计底面轴等，具体步骤见表 4-2-4。

观 看 视 频

表 4-2-4 风叶轴建模

步 骤	图 示	操 作 过 程
设计圆柱		选择"基本实体"中的"圆柱体"图标，以中心点为原点(0,0,0)，半径为 4.1，高度为 9.2，绘制一个圆柱。 使用"加运算"在这个圆柱上再绘制一个半径为 7.25，高度为 2.1 的圆柱；使用"加运算"在第二个圆柱上再绘制一个半径为 4.1，高度为 2.9 的圆柱
绘制顶面矩形		单击圆柱的顶面，将其设置为绘图平面。选择"草图绘制"中的"矩形"图标，在绘图平面上绘制一个矩形，设置矩形的点 1 为(2.45,2.45)，点 2 为(-2.45,-2.45)，单击"确定"按钮，完成顶面矩形的绘制
顶面矩形倒圆角		选择"草图编辑"中的"圆角"图标，选中顶面矩形的 4 条边，设置圆角半径为 1.7，单击"确定"按钮。单击"完成"按钮，完成草图的绘制

步　骤	图　示	操 作 过 程
设计 顶面轴	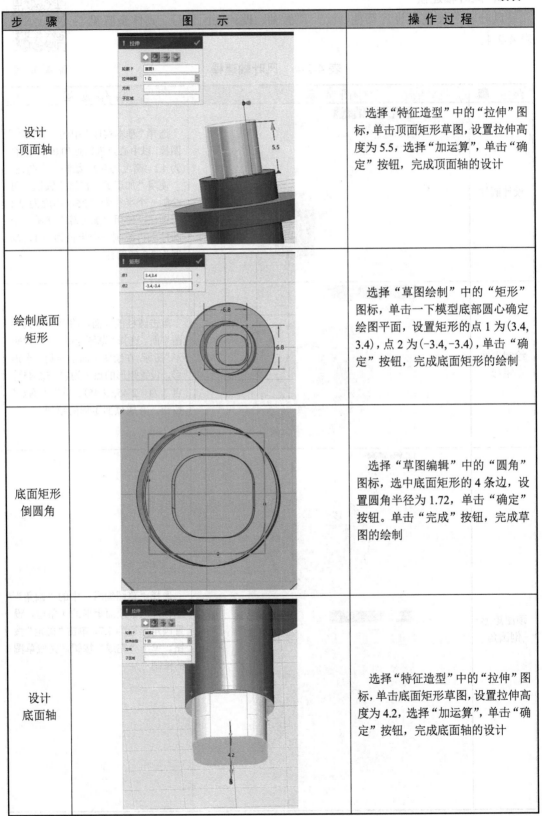	选择"特征造型"中的"拉伸"图标，单击顶面矩形草图，设置拉伸高度为5.5，选择"加运算"，单击"确定"按钮，完成顶面轴的设计
绘制底面 矩形		选择"草图绘制"中的"矩形"图标，单击一下模型底部圆心确定绘图平面，设置矩形的点1为(3.4,3.4)，点2为(-3.4,-3.4)，单击"确定"按钮，完成底面矩形的绘制
底面矩形 倒圆角		选择"草图编辑"中的"圆角"图标，选中底面矩形的4条边，设置圆角半径为1.72，单击"确定"按钮。单击"完成"按钮，完成草图的绘制
设计 底面轴		选择"特征造型"中的"拉伸"图标，单击底面矩形草图，设置拉伸高度为4.2，选择"加运算"，单击"确定"按钮，完成底面轴的设计

续表

步　骤	图　　示	操　作　过　程
保存文件		完成以上步骤，得到风叶轴的模型，保存文件

5. 万向节叉建模

万向节叉建模包括绘制支架臂草图、绘制突出圆、镜像支架臂等，具体步骤见表 4-2-5。

观 看 视 频

表 4-2-5　万向节叉建模

步　骤	图　　示	操　作　过　程
绘制支架臂草图		选择"草图绘制"中的"直线"图标，绘制 L 形支架臂草图，其中水平长度为 28.5，宽度为 5，竖直高度为 28.2，宽度为 6.35，单击"确定"按钮，完成支架臂草图的绘制
倒圆角		选择"草图编辑"中的"圆角"图标，将内直角以半径为 5 倒圆角，外直角以半径为 10 倒圆角，单击"确定"按钮。单击"完成"按钮，完成草图的绘制，退出草图绘制界面
拉伸支架臂草图		选择"特征造型"中的"拉伸"图标，单击支架臂草图，设置拉伸高度为 8.4，单击"确定"按钮

续表

步　骤	图　示	操 作 过 程
绘制 突出圆	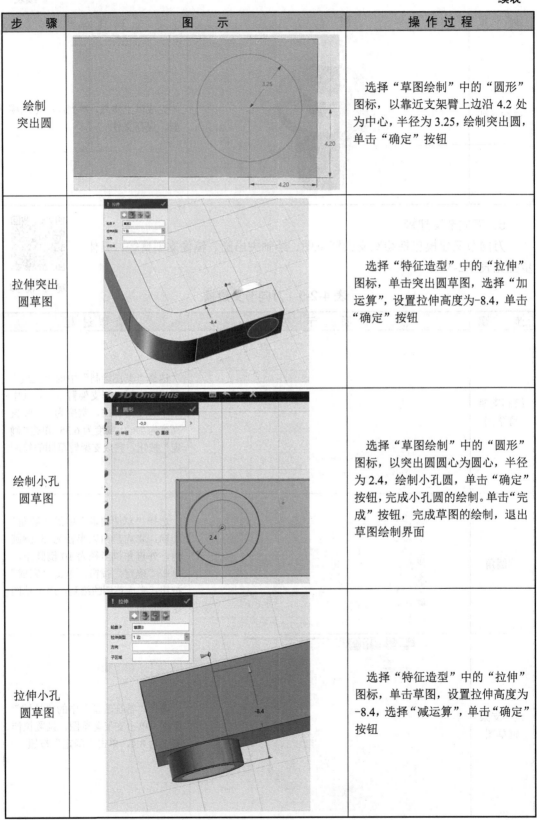	选择"草图绘制"中的"圆形"图标，以靠近支架臂上边沿 4.2 处为中心，半径为 3.25，绘制突出圆，单击"确定"按钮
拉伸突出 圆草图		选择"特征造型"中的"拉伸"图标，单击突出圆草图，选择"加运算"，设置拉伸高度为-8.4，单击"确定"按钮
绘制小孔 圆草图		选择"草图绘制"中的"圆形"图标，以突出圆圆心为圆心，半径为 2.4，绘制小孔圆，单击"确定"按钮，完成小孔圆的绘制。单击"完成"按钮，完成草图的绘制，退出草图绘制界面
拉伸小孔 圆草图		选择"特征造型"中的"拉伸"图标，单击草图，设置拉伸高度为-8.4，选择"减运算"，单击"确定"按钮

续表

步　　骤	图　　　示	操 作 过 程
绘制大孔圆草图	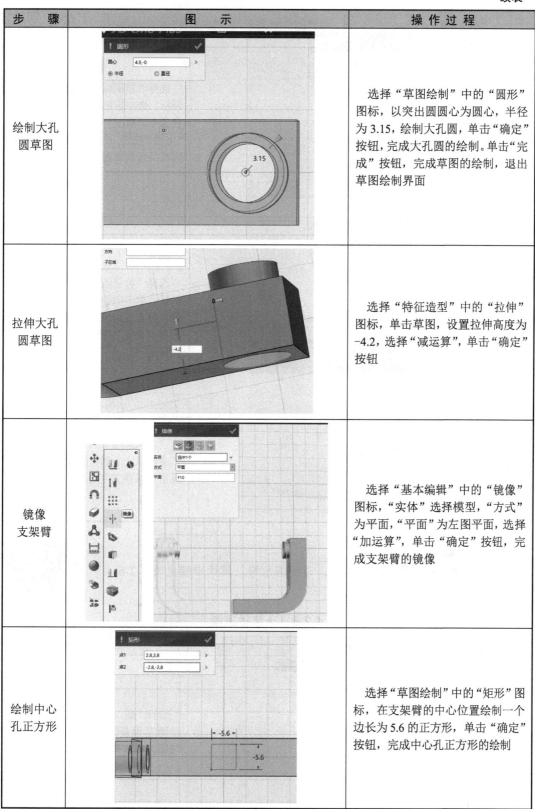	选择"草图绘制"中的"圆形"图标，以突出圆圆心为圆心，半径为3.15，绘制大孔圆，单击"确定"按钮，完成大孔圆的绘制。单击"完成"按钮，完成草图的绘制，退出草图绘制界面
拉伸大孔圆草图		选择"特征造型"中的"拉伸"图标，单击草图，设置拉伸高度为-4.2，选择"减运算"，单击"确定"按钮
镜像支架臂		选择"基本编辑"中的"镜像"图标，"实体"选择模型，"方式"为平面，"平面"为左图平面，选择"加运算"，单击"确定"按钮，完成支架臂的镜像
绘制中心孔正方形		选择"草图绘制"中的"矩形"图标，在支架臂的中心位置绘制一个边长为5.6的正方形，单击"确定"按钮，完成中心孔正方形的绘制

续表

步　　骤	图　　示	操 作 过 程
倒圆角		选择"草图编辑"中的"圆角"图标，选中矩形的 4 条边，设置半径为 2，单击"确定"按钮。单击"完成"按钮，完成草图的绘制，退出草图绘制界面
设计中心孔		选择"特征造型"中的"拉伸"图标，单击中心孔正方形草图，设置拉伸高度为-4.2，选择"减运算"，单击"确定"按钮，完成中心孔的设计
保存文件		完成以上步骤，得到万向节叉的模型，保存文件

6. 十字轴建模

十字轴建模包括绘制圆、拉伸、设计倒角等，具体步骤见表 4-2-6。

观 看 视 频

表 4-2-6　十字轴建模

步　　骤	图　　示	操 作 过 程
建立基准面		选择"插入基准面"中的"XZ 基准面"，设置偏移为 0，单击"确定"按钮，完成基准面的建立

续表

步　骤	图　示	操 作 过 程
绘制外圆草图	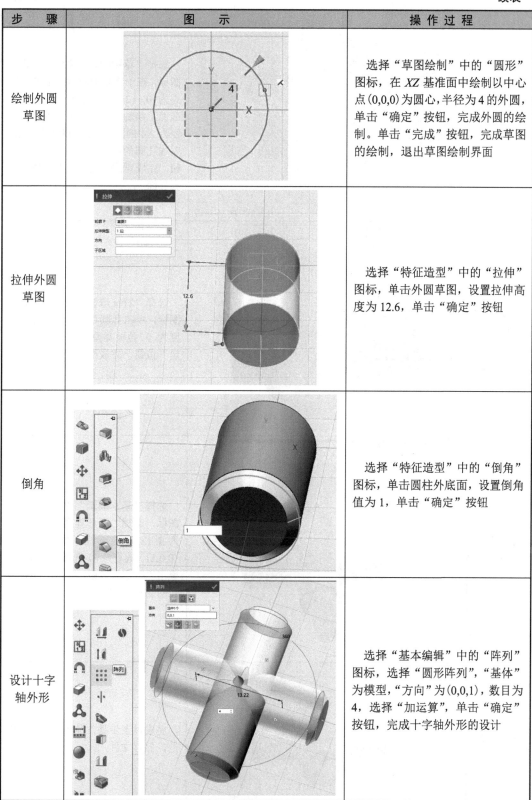	选择"草图绘制"中的"圆形"图标，在 *XZ* 基准面中绘制以中心点(0,0,0)为圆心，半径为4的外圆，单击"确定"按钮，完成外圆的绘制。单击"完成"按钮，完成草图的绘制，退出草图绘制界面
拉伸外圆草图		选择"特征造型"中的"拉伸"图标，单击外圆草图，设置拉伸高度为12.6，单击"确定"按钮
倒角		选择"特征造型"中的"倒角"图标，单击圆柱外底面，设置倒角值为1，单击"确定"按钮
设计十字轴外形		选择"基本编辑"中的"阵列"图标，选择"圆形阵列"，"基体"为模型，"方向"为(0,0,1)，数目为4，选择"加运算"，单击"确定"按钮，完成十字轴外形的设计

步　骤	图　　示	操 作 过 程
绘制孔圆		选择"草图绘制"中的"圆形"图标，在十字轴的外截面上新建原点为(0,−12.6,0)的基准面，在此基准面上绘制以点(0,0,0)为圆心，半径为 2.4 的圆，单击"确定"按钮，完成孔圆的绘制。单击"完成"按钮，完成草图的绘制，退出草图绘制界面
挖孔		选择"特征造型"中的"拉伸"图标，单击孔圆草图，设置拉伸高度为−9，拉伸类型为对称，单击"确定"按钮，完成挖孔
设计十字轴内孔		选择"基本编辑"中的"阵列"图标，选择"圆形阵列"，"基体"为要挖去的圆柱，"方向"为(0,0,1)，数目为 4，选择"减运算"，单击"确定"按钮，完成十字轴内孔的设计
保存文件		完成以上步骤，得到十字轴的模型，保存文件

7. 滚针轴建模

滚针轴建模主要包括设计圆柱、倒角等，具体步骤见表 4-2-7。

观 看 视 频

表 4-2-7 滚针轴建模

步　　骤	图　　示	操 作 过 程
设计圆柱	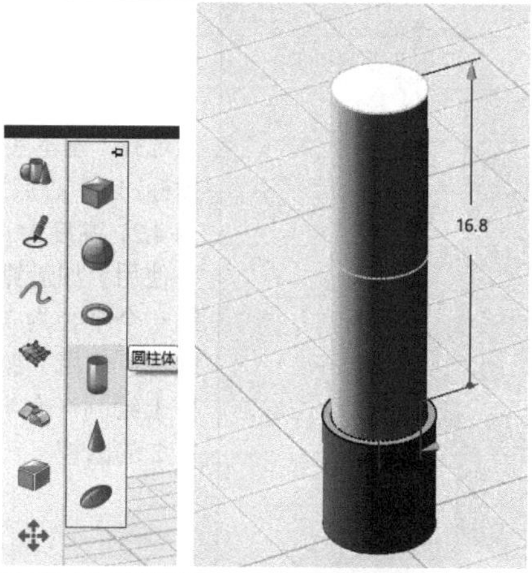	选择"基本实体"中的"圆柱体"图标，以中心点为原点(0,0,0)，半径为 2.85，高度为 5.7，绘制一个圆柱。使用"加运算"在这个圆柱上绘制一个半径为 2.18，高度为 16.8 的圆柱
倒角	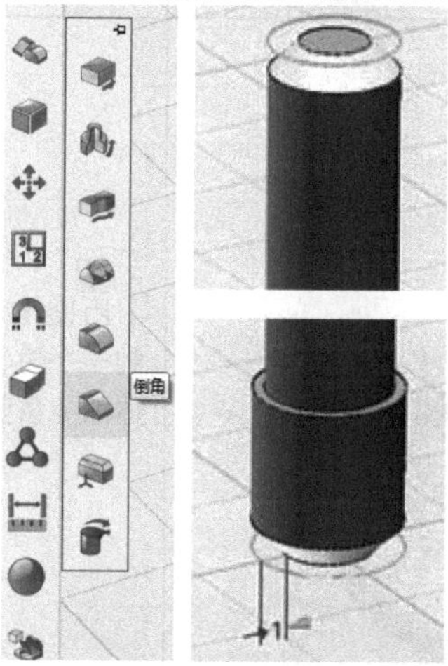	选择"特征造型"中的"倒角"图标，对上下两个圆柱的上下两个面进行倒角，倒角值为 1，单击"确定"按钮
保存文件		完成以上步骤，得到滚针轴的模型，保存文件

8. 手摇轮轴建模

手摇轮轴建模包括设计圆柱、设计顶面轴、设计底面轴等，具体步骤见表 4-2-8。

表 4-2-8　手摇轮轴建模

步　骤	图　示	操 作 过 程
设计圆柱	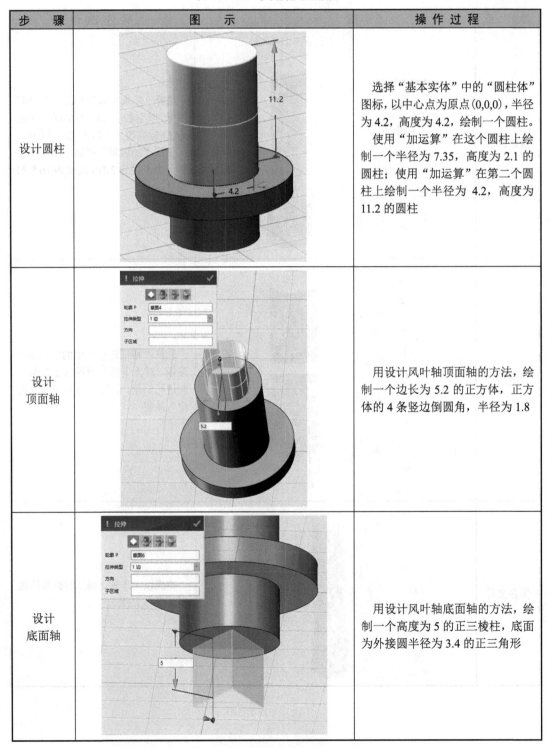	选择"基本实体"中的"圆柱体"图标，以中心点为原点 (0,0,0)，半径为 4.2，高度为 4.2，绘制一个圆柱。 使用"加运算"在这个圆柱上绘制一个半径为 7.35，高度为 2.1 的圆柱；使用"加运算"在第二个圆柱上绘制一个半径为 4.2，高度为 11.2 的圆柱
设计顶面轴		用设计风叶轴顶面轴的方法，绘制一个边长为 5.2 的正方体，正方体的 4 条竖边倒圆角，半径为 1.8
设计底面轴		用设计风叶轴底面轴的方法，绘制一个高度为 5 的正三棱柱，底面为外接圆半径为 3.4 的正三角形

步　　骤	图　　示	操 作 过 程
保存文件		完成以上步骤，得到手摇轮轴的模型，保存文件

9．手摇轮建模

手摇轮建模包括绘制同心圆、修剪曲线、拉伸草图等，具体步骤见表 4-2-9。

观 看 视 频

表 4-2-9　手摇轮建模

步　　骤	图　　示	操 作 过 程
绘制同心圆		选择"草图绘制"中的"圆形"图标，绘制半径分别为 20、15、9 的三个同心圆，圆心为 (0,0,0)
绘制直线		选择"草图绘制"中的"直线"图标，在圆的圆心处，向上画一条长度为 15 的直线，单击"确定"按钮，完成直线的绘制
偏移直线		选择"草图编辑"中的"偏移曲线"图标，单击直线，向两边各偏移 3，单击"确定"按钮，完成偏移命令的使用

步　骤	图　示	操　作　过　程
阵列直线	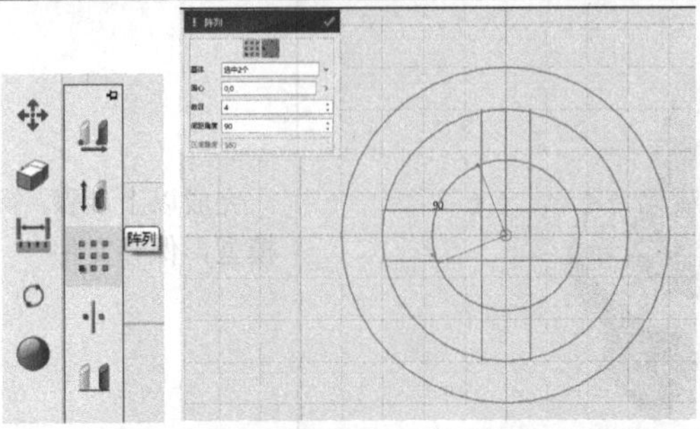	选择"基本编辑"中的"阵列"图标,单击偏移后的两条直线,选择"圆形阵列","圆心"为(0,0),"数目"为4,"间距角度"为90°,单击"确定"按钮,完成阵列命令的使用
修剪曲线	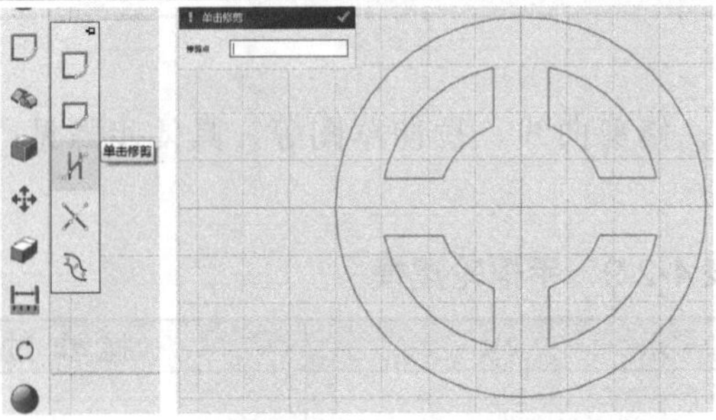	选择"草图编辑"中的"单击修剪"图标,把不需要的曲线修剪掉,要注意把突出来的直线也修剪掉,单击"确定"按钮,完成修剪
倒圆角	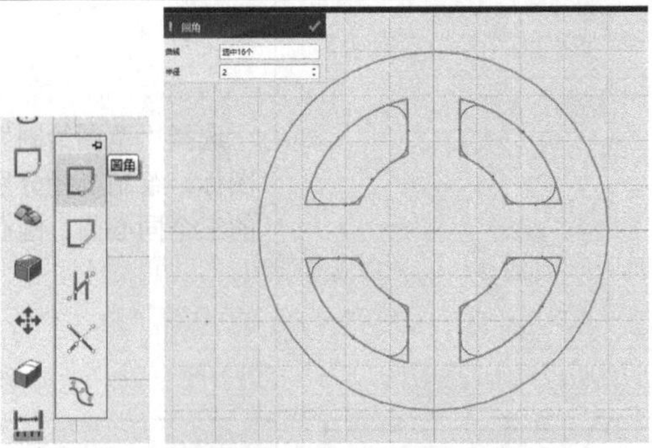	选择"草图编辑"中的"圆角"图标,将曲线和直线之间倒圆角,半径为2,单击"确定"按钮,完成倒圆角
绘制三角形	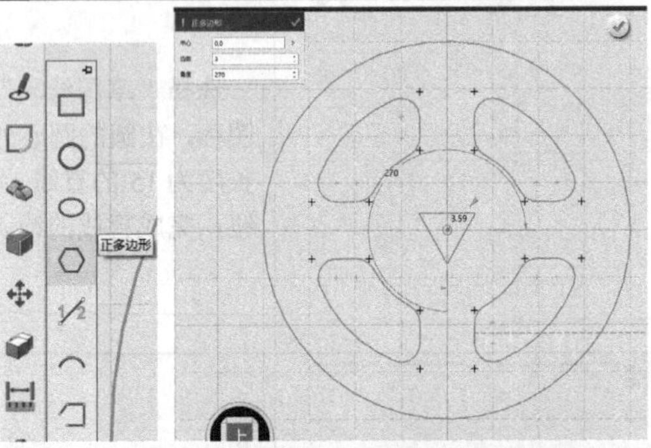	选择"草图绘制"中的"正多边形"图标,"中心"为(0,0),"边数"为3,半径为3.59,"角度"为270°,单击"确定"按钮,完成三角形的绘制。单击"完成"按钮,完成草图的绘制,退出草图绘制界面
拉伸草图	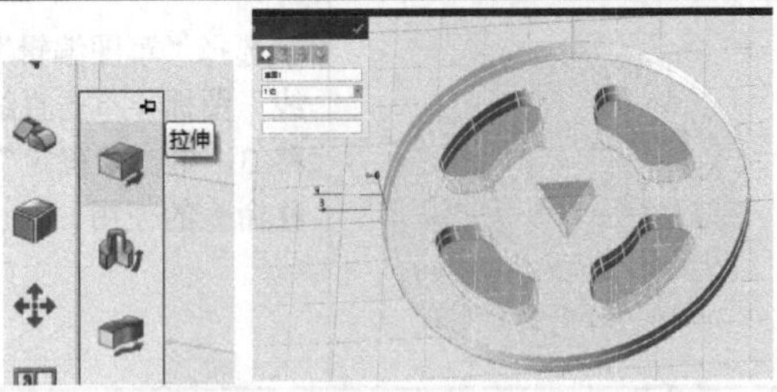	选择"特征造型"中的"拉伸"图标,单击草图,设置拉伸高度为3,单击"确定"按钮

续表

步　骤	图　示	操作过程
绘制圆柱		选择"基本实体"中的"圆柱体"图标，"中心"为(0,15,0)，半径为3，高度为11，单击"确定"按钮，选择"加运算"，单击"确定"按钮，完成圆柱的绘制
保存文件		完成以上步骤，得到手摇轮的模型，保存文件

二、风车零件的打印

首先将所有零件建模保存的 Z1 文件分别转换为 STL 文件，然后将 STL 文件加载到 3D 打印软件系统中，进行切片，添加支撑物，导出切片数据 gcode 文件，最后保存到 SD 卡中，并插装到打印机上进行打印。打印后的风车零件如图 4-2-11 所示。

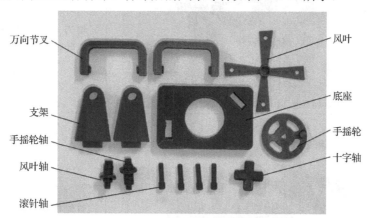

图 4-2-11　打印后的风车零件

三、风车的组装

将打印好的风车零件组装起来，具体步骤见表 4-2-10。

表 4-2-10　风车的组装

步　　骤	图　　示	操 作 过 程
组装 万向节	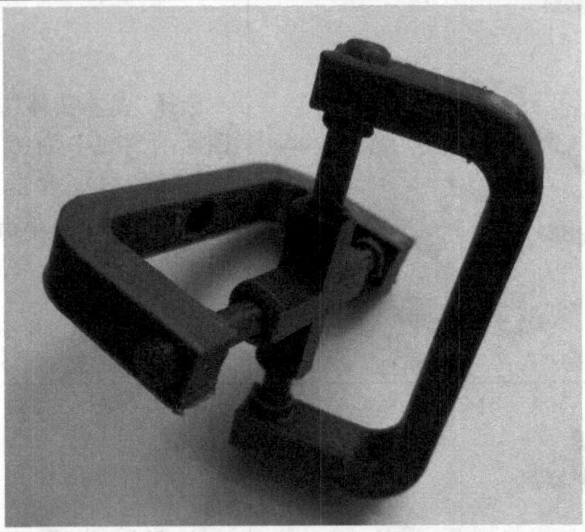	首先将 4 根滚针轴分别插入两个万向节叉中，然后将十字轴套入滚针轴中，最后将滚针轴压紧
安装底座 和支架		首先将两个支架插入底座的两个矩形孔中，然后将风叶轴和手摇轮轴分别插入两个支架的轴孔中
安装 万向节		将万向节的两个中心孔分别套入风叶轴和手摇轮轴中
安装风叶 和手摇轮		首先将风叶装入风叶轴中，然后将手摇轮装入手摇轮轴中

拓展任务

根据所给万向节组装图和零件图，如图 4-2-12～图 4-2-19 所示，使用 3D One Plus 软件进行各零件的建模，使用 3D 打印机打印万向节各零件，并将这些零件组装成万向节。

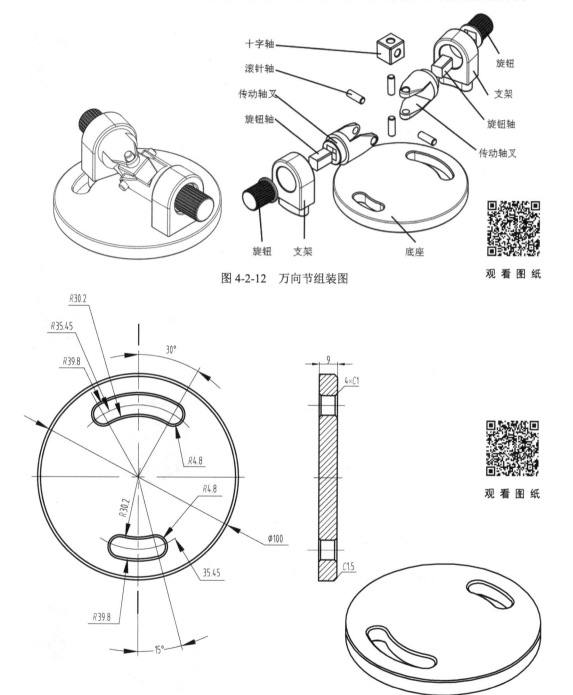

图 4-2-12　万向节组装图

观 看 图 纸

图 4-2-13　底座零件图

观 看 图 纸

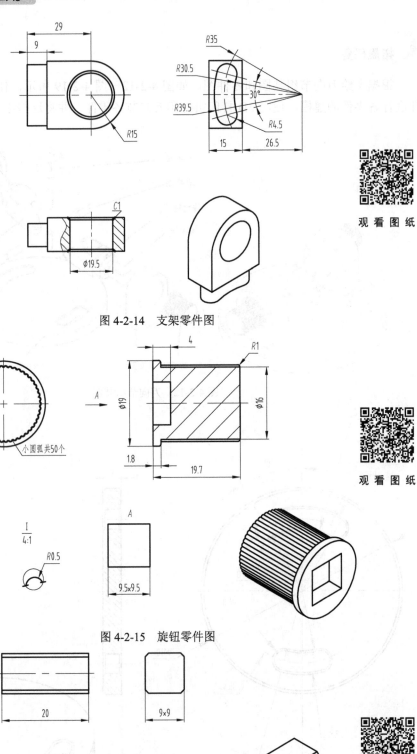

图 4-2-14 支架零件图

图 4-2-15 旋钮零件图

图 4-2-16 旋钮轴零件图

观 看 图 纸

观 看 图 纸

观 看 图 纸

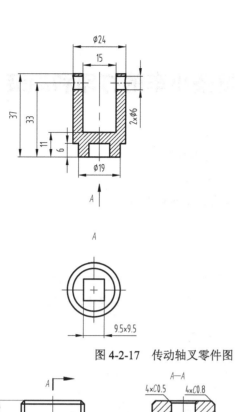

观 看 图 纸

图 4-2-17　传动轴叉零件图

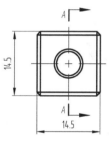
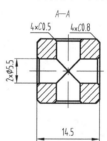

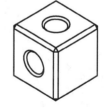

观 看 图 纸

图 4-2-18　十字轴叉零件图

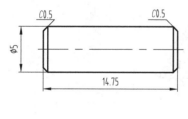

观 看 图 纸

图 4-2-19　滚针轴零件图

任务 3 发条小车的打印和组装

学习目标

1. 能够识读发条小车组装图和零件图。
2. 能够完成发条小车各零件的建模。
3. 能够使用 3D 打印机打印出发条小车的零件。
4. 能够完成发条小车的组装。

任务描述

根据所给的发条小车组装图和零件图，如图 4-3-1～图 4-3-14 所示，使用 3D One Plus 软件进行各零件的建模，使用 3D 打印机打印发条小车各零件，将这些零件组装成发条小车。

观 看 图 纸

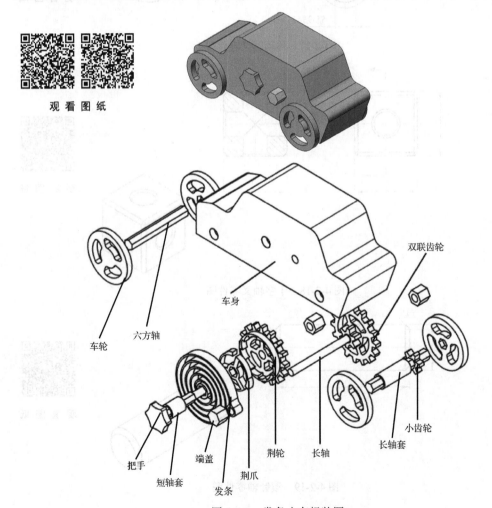

图 4-3-1　发条小车组装图

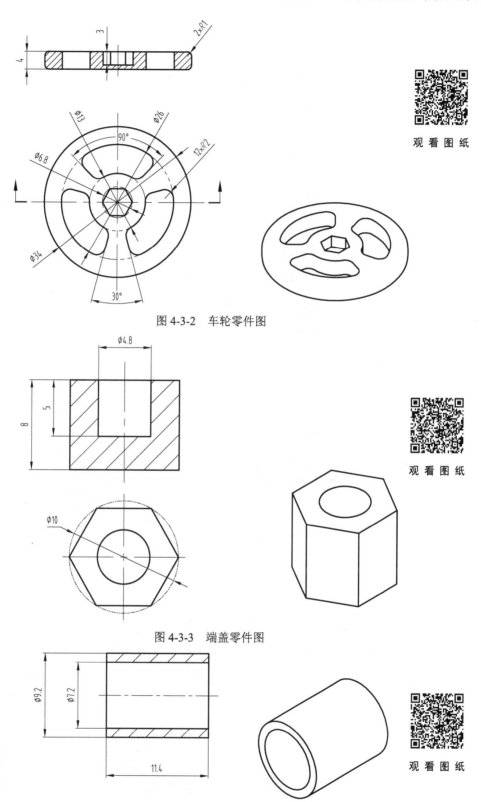

图 4-3-2　车轮零件图

观 看 图 纸

图 4-3-3　端盖零件图

观 看 图 纸

图 4-3-4　短轴套零件图

观 看 图 纸

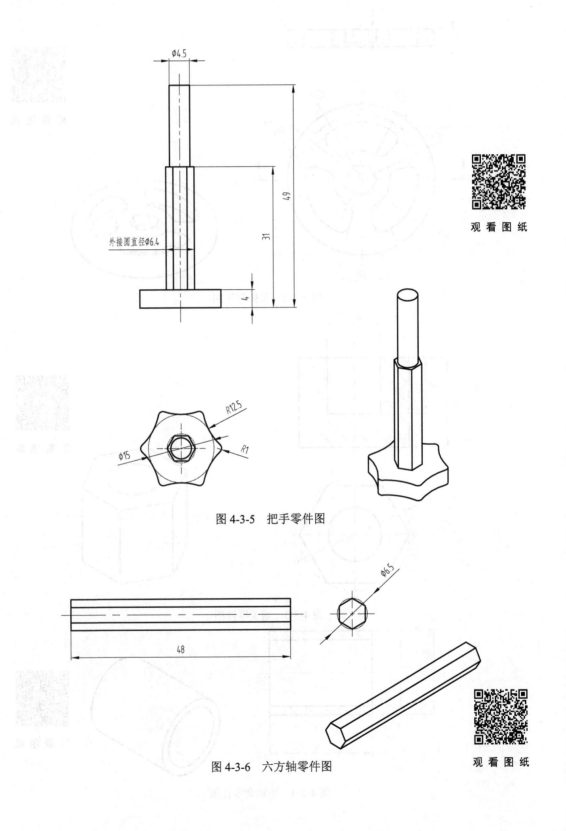

观看图纸

图 4-3-5　把手零件图

图 4-3-6　六方轴零件图

观看图纸

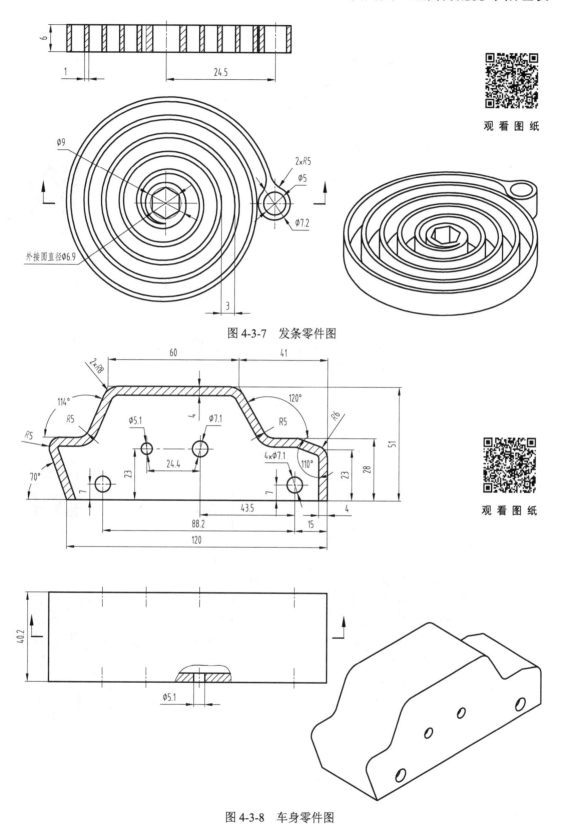

图 4-3-7　发条零件图

图 4-3-8　车身零件图

观看图纸

观看图纸

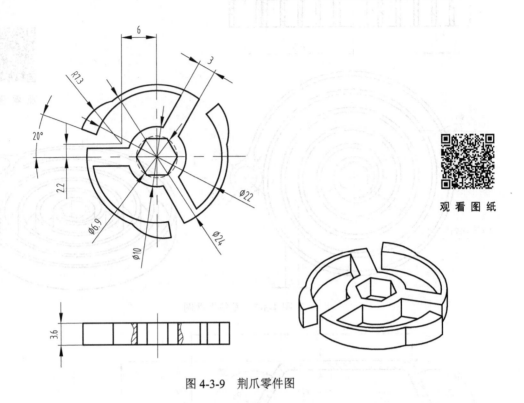

观 看 图 纸

图 4-3-9　荆爪零件图

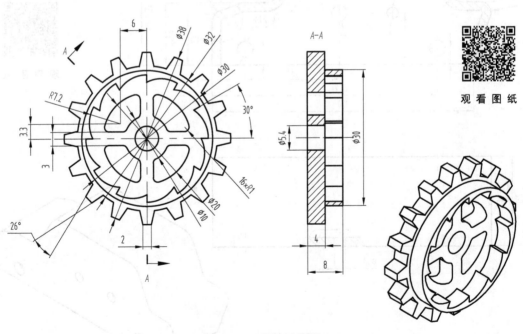

观 看 图 纸

图 4-3-10　荆轮零件图

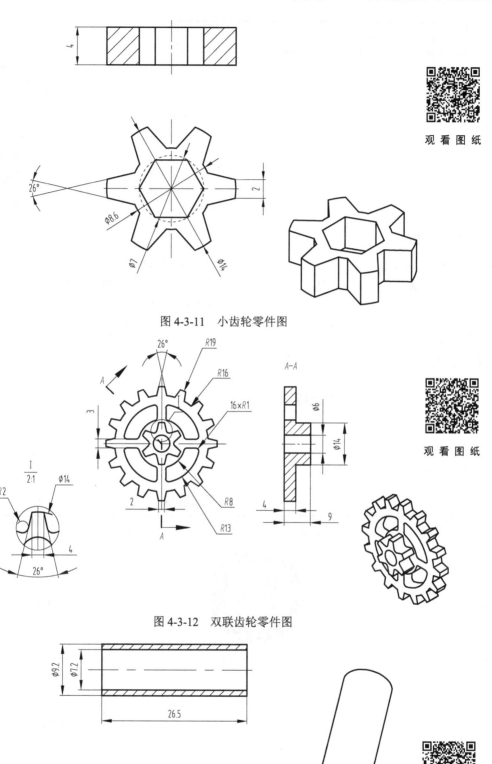

图 4-3-11　小齿轮零件图

图 4-3-12　双联齿轮零件图

图 4-3-13　长轴套零件图

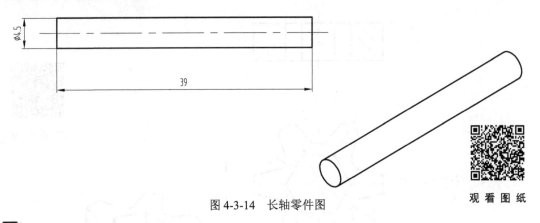

图 4-3-14　长轴零件图

观 看 图 纸

📝 任务分析

根据任务描述，需要识读发条小车零件图，首先根据零件图所给尺寸使用软件完成发条小车零件的建模，包括车轮、六方轴、车身、短轴套、发条、荆轮、荆爪、端盖、双联齿轮、长轴、小齿轮、长轴套及把手，共 13 种零件的建模，然后将建模文件转换成 STL 文件，并切片、打印得到发条小车零件的实物，最后将打印好的发条小车零件组装起来。

📝 任务实施

一、发条小车零件建模

1. 车轮建模

车轮建模可以使用拉伸命令来完成，可以通过构建车轮轮廓、六方轴建模两步进行，具体步骤见表 4-3-1。

表 4-3-1　车轮建模

步　骤	图　　示	操作过程
选择视图	上	在"导航视图"上选择"上"视图
绘制同心圆	Φ34.00　Φ26.00　Φ13.00	选择"草图绘制"中的"圆形"图标，选择"默认基准面"作为参考面，进入草图绘制界面，设置圆心为(0,0)，分别绘制直径为 34、26、13 的同心圆，单击"确定"按钮，完成绘制

续表

步　骤	图　示	操 作 过 程
绘制直线、修剪并倒圆角	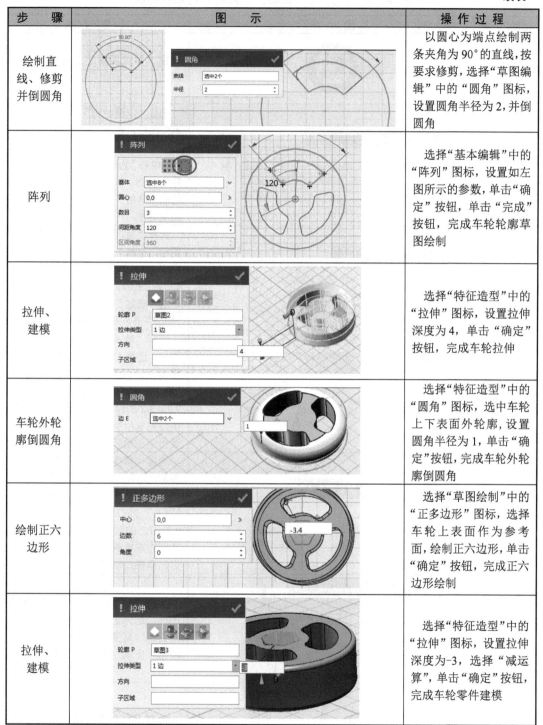	以圆心为端点绘制两条夹角为90°的直线，按要求修剪，选择"草图编辑"中的"圆角"图标，设置圆角半径为2，并倒圆角
阵列		选择"基本编辑"中的"阵列"图标，设置如左图所示的参数，单击"确定"按钮，单击"完成"按钮，完成车轮轮廓草图绘制
拉伸、建模		选择"特征造型"中的"拉伸"图标，设置拉伸深度为4，单击"确定"按钮，完成车轮拉伸
车轮外轮廓倒圆角		选择"特征造型"中的"圆角"图标，选中车轮上下表面外轮廓，设置圆角半径为1，单击"确定"按钮，完成车轮外轮廓倒圆角
绘制正六边形		选择"草图绘制"中的"正多边形"图标，选择车轮上表面作为参考面，绘制正六边形，单击"确定"按钮，完成正六边形绘制
拉伸、建模		选择"特征造型"中的"拉伸"图标，设置拉伸深度为-3，选择"减运算"，单击"确定"按钮，完成车轮零件建模

2. 六方轴、长轴、长轴套、短轴套建模

六方轴、长轴、长轴套及短轴套造型都比较简单，均使用拉伸命令完成，因此它们的建模可以在同一文件中完成，具体步骤见表4-3-2。

表 4-3-2　六方轴、长轴、长轴套、短轴套建模

步　骤	图　示	操作过程
选择视图		在"导航视图"上选择"上"视图
六方轴草图绘制	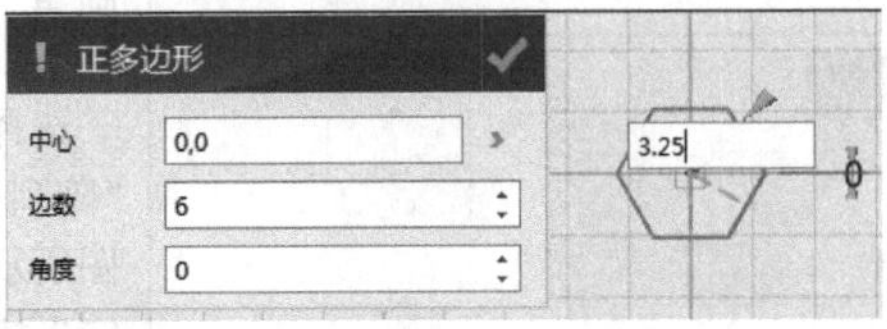 **正多边形** 中心　0,0 边数　6 角度　0 3.25	选择"草图绘制"中的"正多边形"图标，选择"默认基准面"作为参考面，进入草图绘制界面，设置"中心"为(0,0)，设置外接圆半径为3.25，单击"确定"按钮完成绘制，单击"完成"按钮退出草图绘制界面
长轴草图绘制	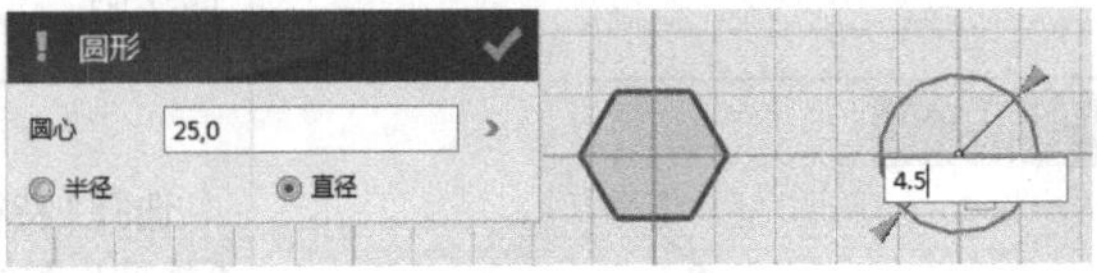 **圆形** 圆心　25,0 ○半径　●直径 4.5	选择"草图绘制"中的"圆形"图标，选择"默认基准面"作为参考面，进入草图绘制界面，设置"圆心"为(25,0)，设置圆的直径为4.5，单击"确定"按钮完成绘制，单击"完成"按钮退出草图绘制界面
长轴套草图绘制	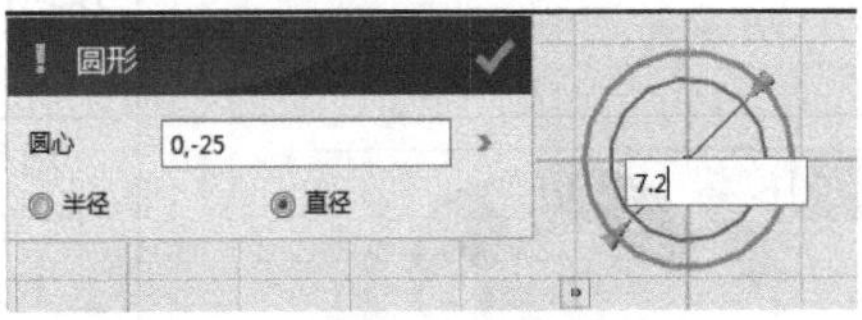 **圆形** 圆心　0,-25 ○半径　●直径 7.2	选择"草图绘制"中的"圆形"图标，选择"默认基准面"作为参考面，进入草图绘制界面，设置"圆心"为(0,-25)，绘制直径为9.2、7.2的同心圆，单击"确定"按钮完成绘制，单击"完成"按钮退出草图绘制界面
短轴套草图绘制	 **圆形** 圆心　25,-25 ○半径　●直径 7.2	选择"草图绘制"中的"圆形"图标，选择"默认基准面"作为参考面，进入草图绘制界面，设置"圆心"为(25,-25)，绘制直径为9.2、7.2的同心圆，单击"确定"按钮完成绘制，单击"完成"按钮退出草图绘制界面
六方轴拉伸建模	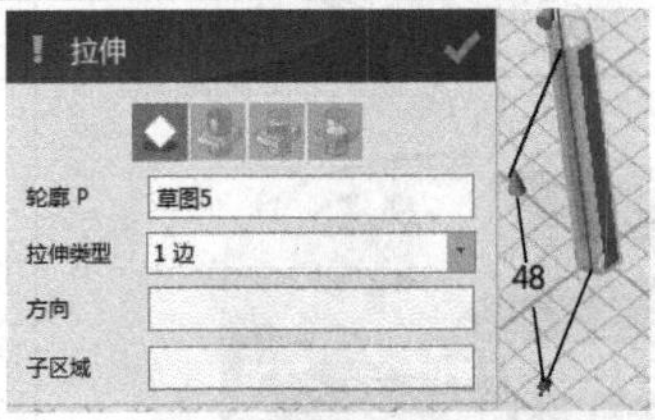 **拉伸** 轮廓 P　草图5 拉伸类型　1边 方向 子区域 48	选择"特征造型"中的"拉伸"图标，选择正六边形为二维草图，设置拉伸高度为48，单击"确定"按钮，完成六方轴的拉伸建模
长轴、长轴套和短轴套的拉伸建模		重复上述步骤，依次设置长轴的拉伸长度为48，长轴套的拉伸长度为26.5，短轴套的拉伸长度为11.4

3. 车身建模

车身建模主要通过绘制二维草图、拉伸及抽壳等来完成，具体步骤见表4-3-3。

表4-3-3 车身建模

步 骤	图 示	操 作 过 程
插入 XZ 基准面	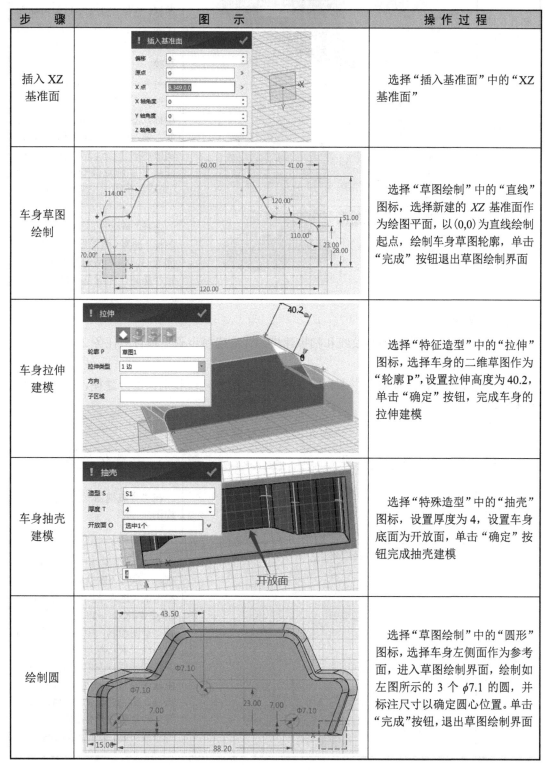	选择"插入基准面"中的"XZ 基准面"
车身草图 绘制		选择"草图绘制"中的"直线"图标，选择新建的 XZ 基准面作为绘图平面，以(0,0)为直线绘制起点，绘制车身草图轮廓，单击"完成"按钮退出草图绘制界面
车身拉伸 建模		选择"特征造型"中的"拉伸"图标，选择车身的二维草图作为"轮廓 P"，设置拉伸高度为40.2，单击"确定"按钮，完成车身的拉伸建模
车身抽壳 建模		选择"特殊造型"中的"抽壳"图标，设置厚度为4，设置车身底面为开放面，单击"确定"按钮完成抽壳建模
绘制圆		选择"草图绘制"中的"圆形"图标，选择车身左侧面作为参考面，进入草图绘制界面，绘制如左图所示的 3 个 $\phi7.1$ 的圆，并标注尺寸以确定圆心位置。单击"完成"按钮，退出草图绘制界面

步　骤	图　示	操 作 过 程
轴孔拉伸建模	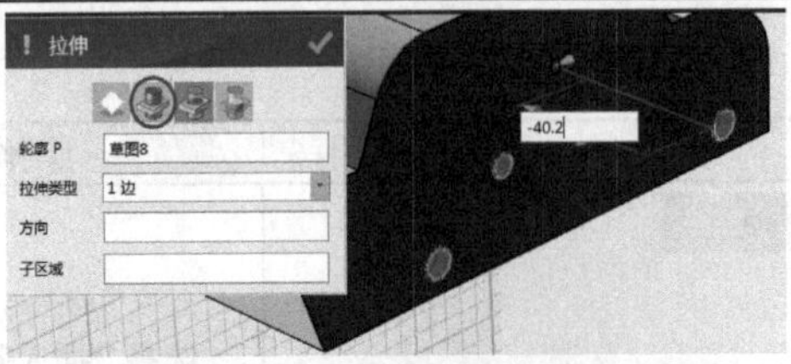	选择"特征造型"中的"拉伸"图标，选择"圆形"，设置拉伸高度为-40.2，选择"减运算"，单击"确定"按钮，完成轴孔拉伸建模
绘制直径为 5.1 的圆	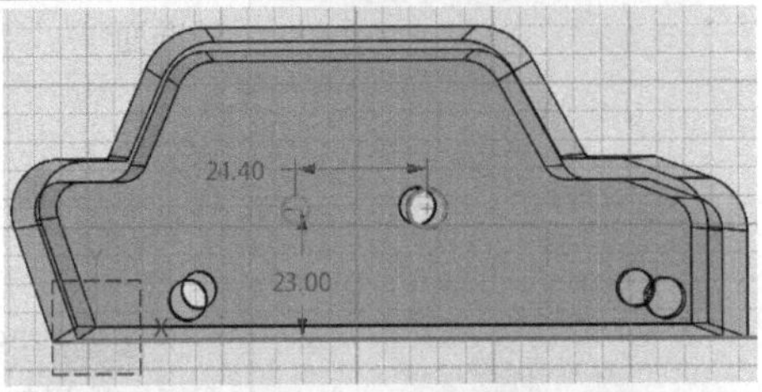	选择"草图绘制"中的"圆形"图标，选择车身右侧面作为参考面，进入草图绘制界面，绘制如图所示的 1 个 $\phi 5.1$ 的圆，并标注尺寸以确定圆心位置。单击"完成"按钮退出草图绘制界面
拉伸建模直径为 5.1 的孔	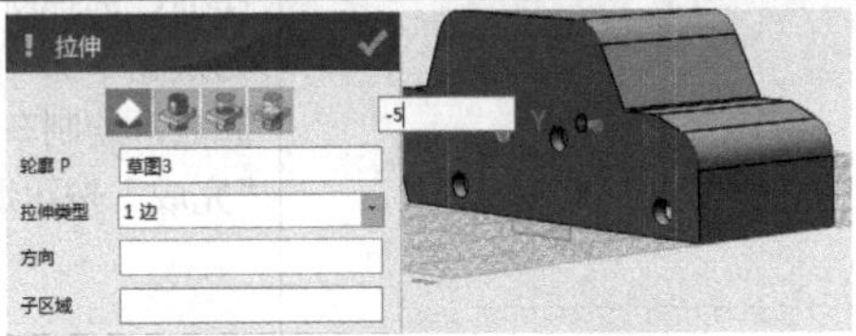	选择"特征造型"中的"拉伸"图标，选择"圆形"，设置拉伸高度为-5，选择"减运算"，单击"确定"按钮，完成车身建模

4．发条建模

发条建模主要分为绘制螺纹线和扫掠建模，详细建模步骤见项目三任务 2。

5．荆轮建模

荆轮建模可以使用拉伸命令来完成，分为齿轮部分建模和荆齿部分建模，具体步骤见表 4-3-4。

表 4-3-4　荆轮建模

步　骤	图　示	操 作 过 程
选择视图		在"导航视图"上选择"上"视图
绘制齿轮轮齿	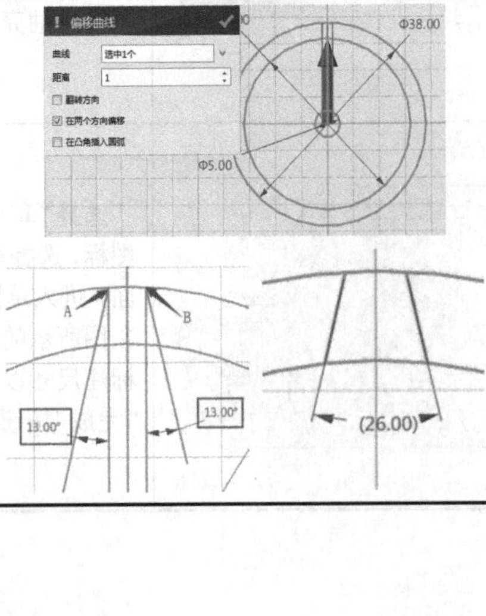	选择"草图绘制"中的"圆形"图标，选择"默认基准面"作为参考面，进入草图绘制界面，绘制 $\phi 5.4$、$\phi 32$、$\phi 38$ 的同心圆。选择"草图绘制"中的"直线"图标，经过圆心绘制一条铅垂线，并将铅垂线向左右分别偏移 1，生成的直线与圆 $\phi 38$ 分别交于点 A、B，过点 A、B 做两条直线，两直线夹角为 26°，并关于铅垂线对称，修剪至如左图所示

步　　骤	图　　示	操 作 过 程
阵列齿轮齿廓	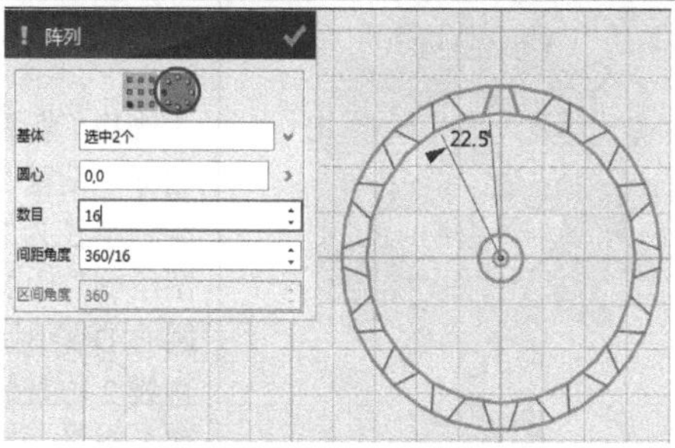	选择"基本编辑"中的"阵列"图标，选择"环形阵列"，"基体"选择两齿廓，"圆心"选择同心圆圆心，"数目"为16，"间距角度"为360°/16，单击"确定"按钮，完成齿廓的阵列
修剪二维图形	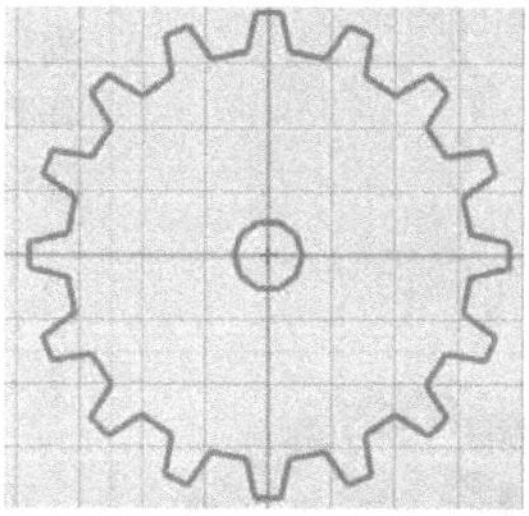	选择"草图编辑"中的"修剪"图标，修剪齿廓至如左图所示
绘制齿轮减重孔二维图形	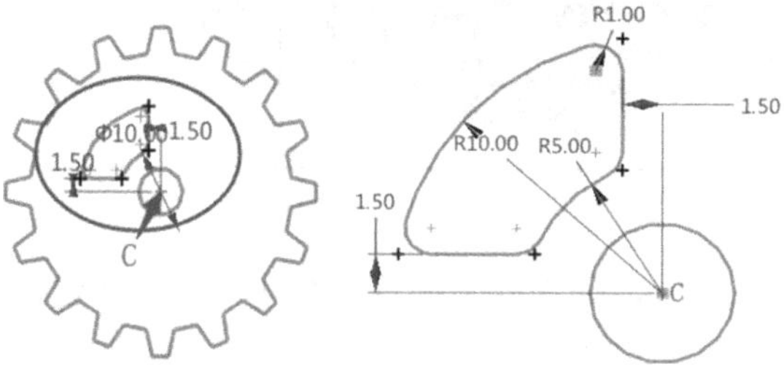	选择"草图绘制"中的"圆形"图标，绘制 R10、R5 的同心圆。选择"草图绘制"中的"直线"图标，绘制如左图所示的直线，按要求修剪，并完成 R1 圆角
阵列齿轮减重孔二维图形	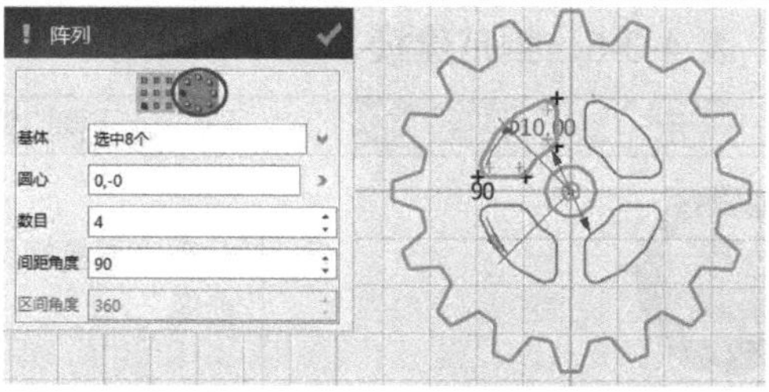	选择"基本编辑"中的"阵列"图标，设置如左图所示的阵列参数，完成阵列。完成齿轮部分二维图形绘制
拉伸建模		选择"特征造型"中的"拉伸"图标，设置拉伸高度为4，完成拉伸建模
绘制基准圆		选择"草图绘制"中的"圆形"图标，选择已完成的齿轮一端面作为参考面，绘制如左图所示的圆

续表

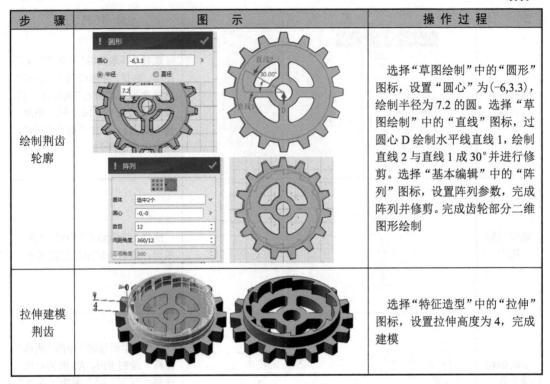

步　骤	图　示	操 作 过 程
绘制荆齿轮廓		选择"草图绘制"中的"圆形"图标，设置"圆心"为(-6,3.3)，绘制半径为7.2的圆。选择"草图绘制"中的"直线"图标，过圆心D绘制水平线直线1，绘制直线2与直线1成30°并进行修剪。选择"基本编辑"中的"阵列"图标，设置阵列参数，完成阵列并修剪。完成齿轮部分二维图形绘制
拉伸建模荆齿		选择"特征造型"中的"拉伸"图标，设置拉伸高度为4，完成建模

6. 荆爪建模

荆爪建模可以使用拉伸命令来完成，分为绘制荆爪二维图形及拉伸建模，具体步骤见表 4-3-5。

表 4-3-5　荆爪建模

步　骤	图　示	操 作 过 程
选择视图	上	在"导航视图"上选择"上"视图
绘制圆与正六边形	R12.00　R11.20　R5.00　6.90	选择"草图绘制"中的"圆形"图标，选择"默认基准面"作为参考面，以(0,0)为圆心，绘制R12、R11.2、R5的同心圆。绘制外接圆直径为6.9的正六边形
绘制荆爪圆	圆形　圆心　-6,2.2　7.25　○半径　○直径	选择"草图绘制"中的"圆形"图标，设置圆心为(-6,2.2)，以R7.25画圆，单击"确定"按钮完成绘制

步　骤	图　示	操 作 过 程
绘制直线	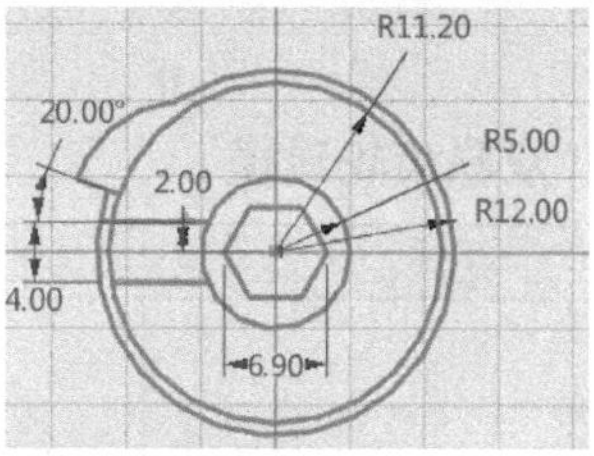 R11.20 20.00° 2.00 R5.00 4.00 R12.00 6.90	选择"草图绘制"中的"直线"图标，绘制 2 条水平线，距离为2，且关于原点对称。过圆心绘制一条直线，与水平线的夹角为20°，并修剪至如左图所示
阵列齿廓	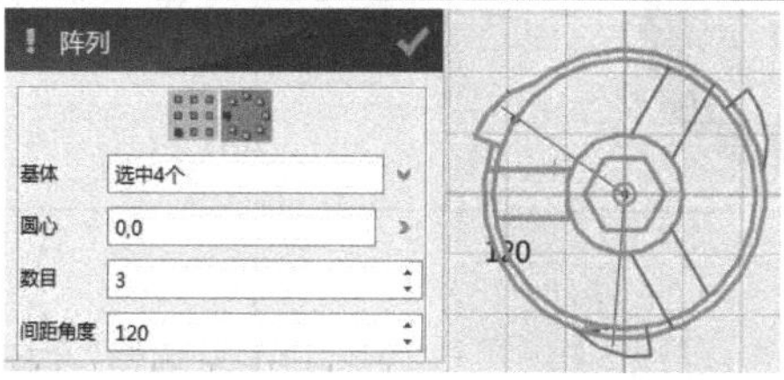 阵列 基体 选中4个 圆心 0,0 数目 3 间距角度 120	选择"基本编辑"中的"阵列"图标，设置如左图所示的阵列参数，完成阵列
拉伸建模	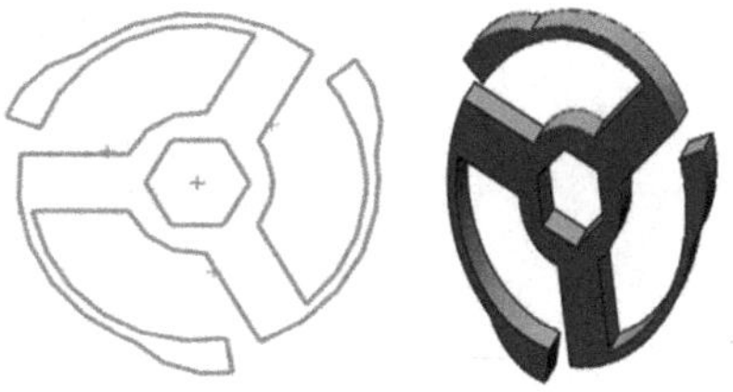	修剪二维图形，并退出草图绘制界面。选择"特征造型"中的"拉伸"图标，设置拉伸高度为3.6，完成建模

7. 端盖建模

端盖建模可以使用拉伸命令来完成，分为绘制端盖二维图形及拉伸建模，具体步骤见表 4-3-6。

表 4-3-6　端盖建模

步　骤	图　示	操 作 过 程
选择视图	 上	在"导航视图"上选择"上"视图
绘制正六边形并拉伸建模	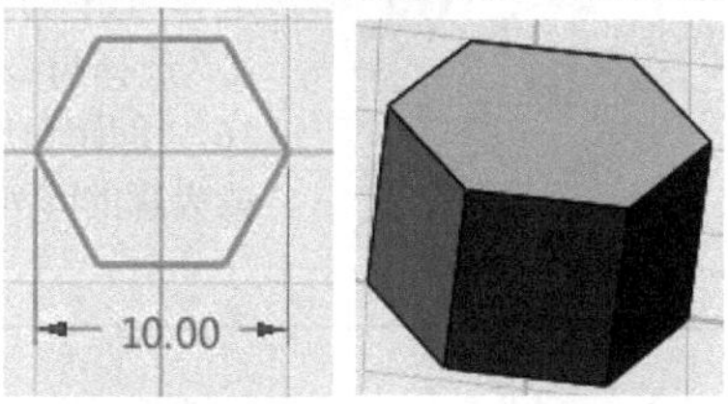 10.00	选择"草图绘制"中的"正多边形"图标，绘制中心为(0,0)，外接圆直径为10 的正六边形，单击"确定"按钮完成绘制。选择"特征造型"中的"拉伸"图标，设置拉伸高度为8，完成建模
绘制荆爪圆	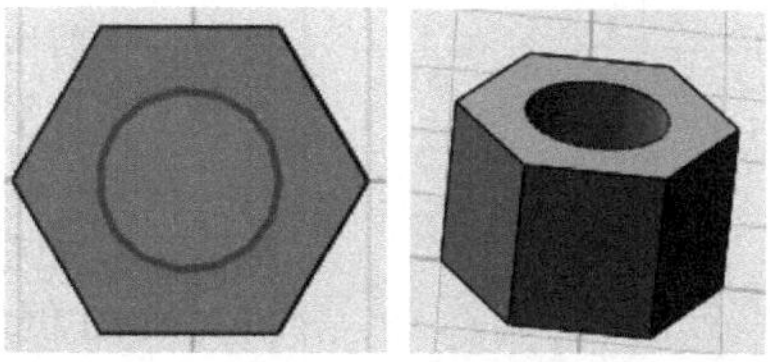	选择"草图绘制"中的"圆形"图标，选择正六棱柱断面作为参考面，绘制圆心为(0,0)，$\phi4.8$ 的圆。单击"确定"按钮完成绘制。选择"特征造型"中的"拉伸"图标，设置拉伸高度为-5，选择"减运算"，完成建模

8．双联齿轮建模

双联齿轮建模可以使用拉伸命令来完成，分为绘制双联齿轮二维图形及拉伸建模，具体步骤见表 4-3-7。

表 4-3-7　双联齿轮建模

步　骤	图　示	操作过程
选择视图		在"导航视图"上选择"上"视图
绘制双联齿轮基准圆及齿廓辅助线	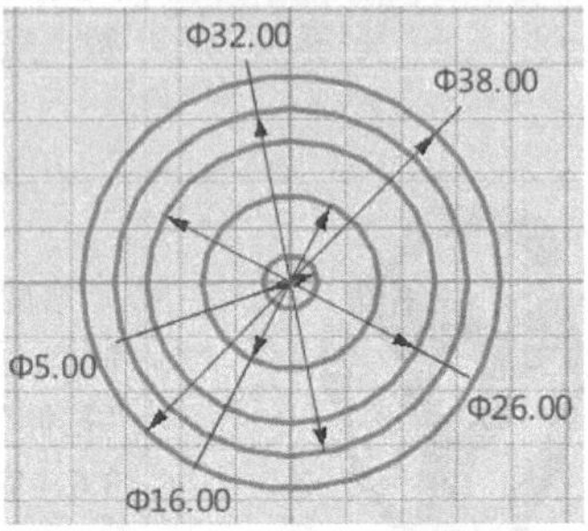	选择"草图绘制"中的"圆形"图标，以(0,0)为圆心，分别绘制直径为 38、32、26、16 和 5 的同心圆，单击"确定"按钮完成绘制
绘制齿廓	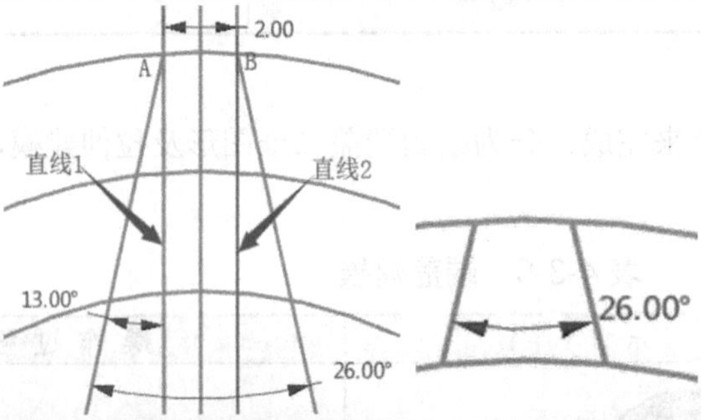	选择"草图绘制"中的"直线"图标，经过圆心绘制一条铅垂线，并将铅垂线分别向左、右偏移 1，得到直线 1 和直线 2，直线 1、2 与直径为 38 的圆分别交于点 A、B。过 A、B 点做两条直线，分别与直线 1、2 成 13°夹角，并按要求修剪至如左图所示
阵列齿廓	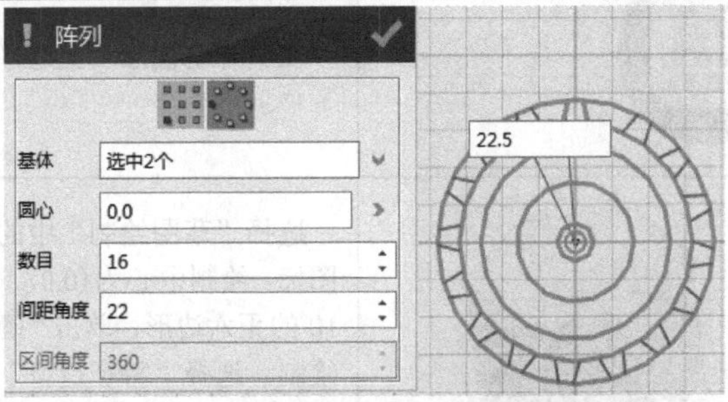	选择"基本编辑"中的"阵列"图标，选择"环形阵列"，"基体"选择两条夹角为 26°的直线，"圆心"选择同心圆圆心，"数目"为 16，"间距角度"为 360°/16，完成齿廓的阵列
绘制减重孔二维图形	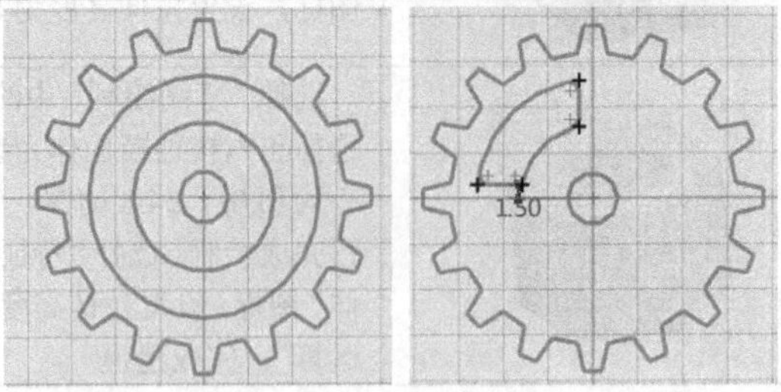	选择"草图编辑"中的"修剪"图标，修剪齿廓至如左图所示。绘制一条水平线，与原点距离为 1.5；绘制一条铅垂线，与原点距离为 1.5，如左图所示进行修剪，并完成 R1 倒角

续表

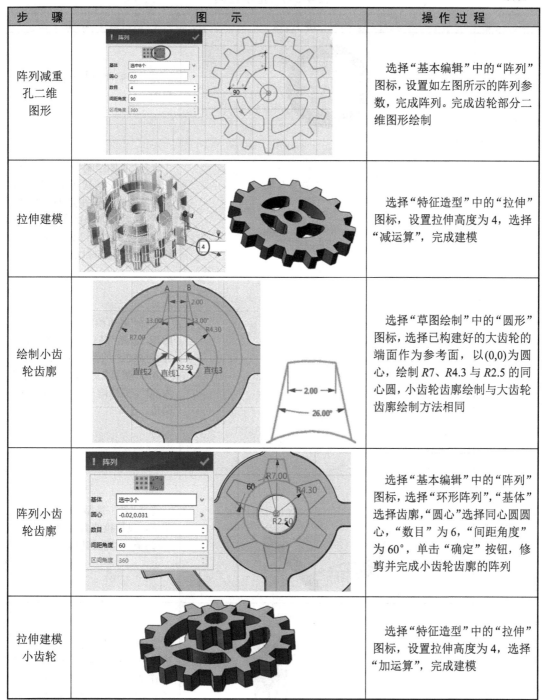

步　　骤	图　　示	操 作 过 程
阵列减重孔二维图形		选择"基本编辑"中的"阵列"图标，设置如左图所示的阵列参数，完成阵列。完成齿轮部分二维图形绘制
拉伸建模		选择"特征造型"中的"拉伸"图标，设置拉伸高度为4，选择"减运算"，完成建模
绘制小齿轮齿廓		选择"草图绘制"中的"圆形"图标，选择已构建好的大齿轮的端面作为参考面，以(0,0)为圆心，绘制 R7、R4.3 与 R2.5 的同心圆，小齿轮齿廓绘制与大齿轮齿廓绘制方法相同
阵列小齿轮齿廓		选择"基本编辑"中的"阵列"图标，选择"环形阵列"，"基体"选择齿廓，"圆心"选择同心圆圆心，"数目"为6，"间距角度"为60°，单击"确定"按钮，修剪并完成小齿轮齿廓的阵列
拉伸建模小齿轮		选择"特征造型"中的"拉伸"图标，设置拉伸高度为4，选择"加运算"，完成建模

9．小齿轮建模

小齿轮的齿廓与双联齿轮的齿廓类似，因此具体建模过程参考双联齿轮的建模过程。

10．把手建模

把手建模可以使用拉伸命令来完成，分为绘制把手二维图形及拉伸建模，具体步骤见表 4-3-8。

219

表 4-3-8　把手建模

步　骤	图　示	操 作 过 程
选择视图		在"导航视图"上选择"上"视图
绘制两个圆		选择"草图绘制"中的"圆形"图标，选择"默认基准面"作为参考面，进入草图绘制界面，绘制圆心为(0,0)，ϕ15 的圆，绘制圆心为(0,20)，R12.5 的圆，单击"确定"按钮完成绘制
阵列圆		选择"基本编辑"中的"阵列"图标，选择"环形阵列"，"基体"选择 R12.5 的圆，"圆心"选择(0,0)，"数目"为 6，"间距角度"为 60°，完成阵列，修剪并倒 R1 圆角
拉伸建模		选择"特征造型"中的"拉伸"图标，设置拉伸高度为 4，选择"减运算"，完成建模
正六方轴拉伸建模		选择"草图绘制"中的"正多边形"图标，选择上述实体的端面作为参考面，绘制中心为(0,0)，外接圆半径为 3.2 的正六边形，单击"完成"按钮退出草图绘制面。选择"特征造型"中的"拉伸"图标，设置拉伸高度为 27，选择"加运算"，完成建模

续表

步　骤	图　示	操 作 过 程
圆轴拉伸建模		选择"草图绘制"中的"圆形"图标，选择正六方轴上端面作为参考面，绘制圆心为(0,0)，$\phi 4.5$ 的圆，单击"完成"按钮退出草图绘制界面。选择"特征造型"中的"拉伸"图标，设置拉伸高度为 18，选择"加运算"，完成把手建模

二、发条小车零件的打印

首先将所有零件建模保存的 Z1 文件分别转换为 STL 文件，然后将 STL 文件加载到 3D 打印软件系统中，进行切片，添加支撑物，导出切片数据 gcode 文件，最后保存到 SD 卡，并插装到打印机上进行打印，打印后的发条小车零件如图 4-3-15 所示。

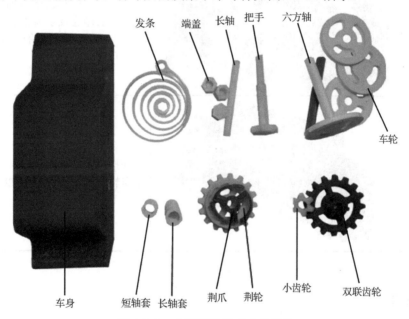

图 4-3-15　打印后的发条小车零件

三、发条小车的组装

将打印好的发条小车零件组装起来，具体步骤见表 4-3-9。

表 4-3-9　发条小车的组装

步　骤	图　示	操作过程
安装把手及其配合件	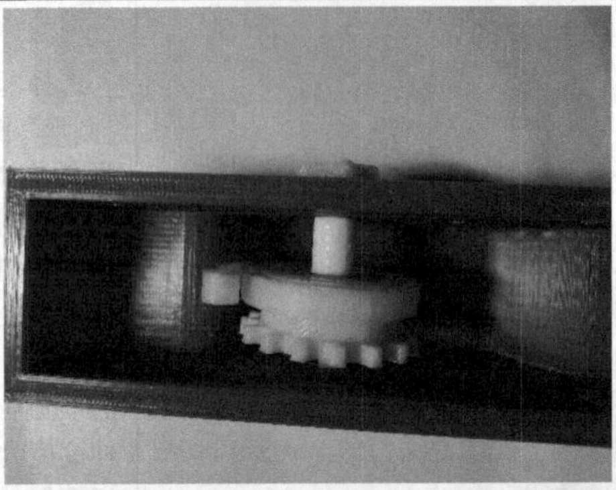	将把手穿过左侧车身直径为 7.1 的支撑孔，在车身内腔分别装入短轴套、发条、荆爪、荆轮，并将把手末端转入右侧车身直径为 5.1 的支撑孔
安装圆轴及其配合件	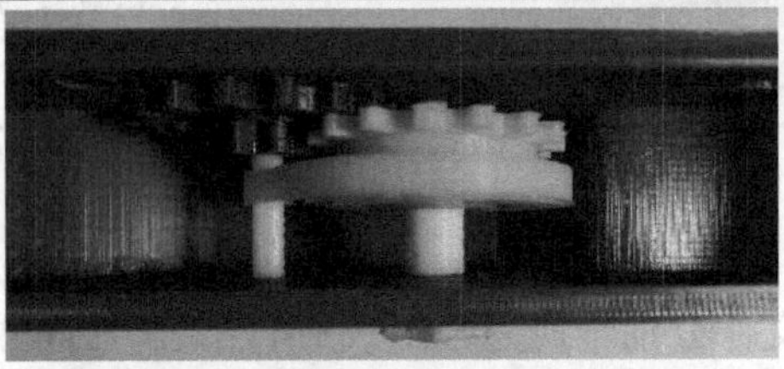	将圆轴装入左侧车身直径为 5.4 的孔中，在车身内腔依次将发条固定端及双联齿轮装入圆轴中，确保双联齿轮的小齿轮与荆轮正确啮合
安装后轮轴		将一条六方轴安装到车身后轮孔中，依次将长轴套及小齿轮装入六方轴车身内腔，并确保小齿轮与双联齿轮的大齿轮正确啮合
安装前轮轴及车轮	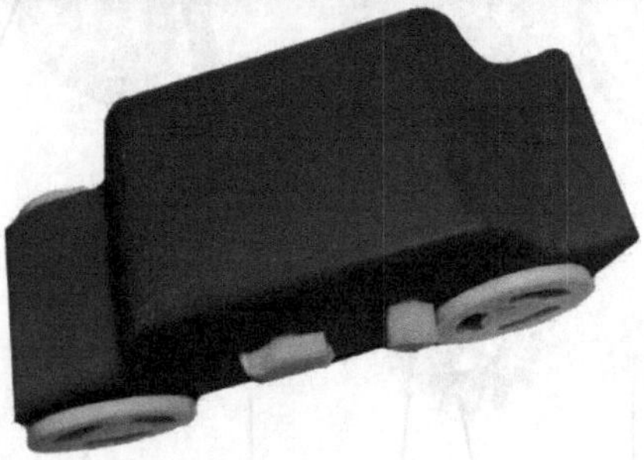	在把手圆轴端安装端盖，并安装前、后车轮，完成发条小车的组装

拓展任务

　　根据所给的云霄飞车组装图和零件图，如图 4-3-16～图 4-3-30 所示，使用 3D One Plus 软件进行各零件的建模，使用 3D 打印机打印云霄飞车各零件，并将这些零件组装成云霄飞车。

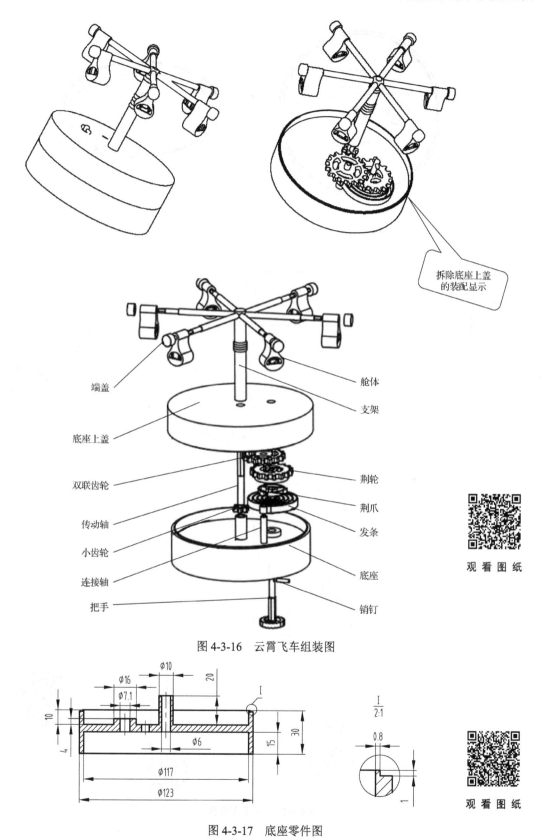

拆除底座上盖
的装配显示

端盖

舱体

支架

底座上盖

双联齿轮

荆轮

荆爪

传动轴

发条

小齿轮

连接轴

底座

把手

销钉

观看图纸

图 4-3-16　云霄飞车组装图

图 4-3-17　底座零件图

观看图纸

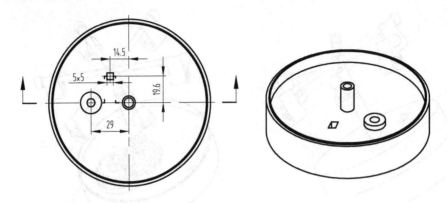

图 4-3-17　底座零件图（续）

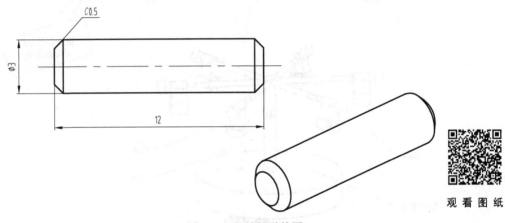

观 看 图 纸

图 4-3-18　销钉零件图

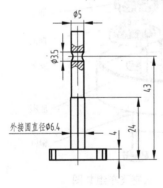

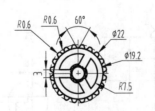

观 看 图 纸

图 4-3-19　把手零件图

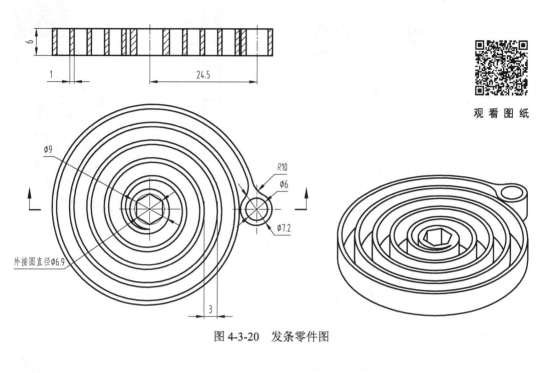

图 4-3-20　发条零件图

观 看 图 纸

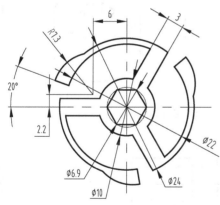

观 看 图 纸

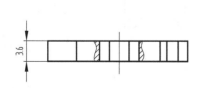

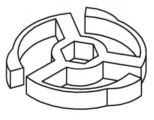

图 4-3-21　荆爪零件图

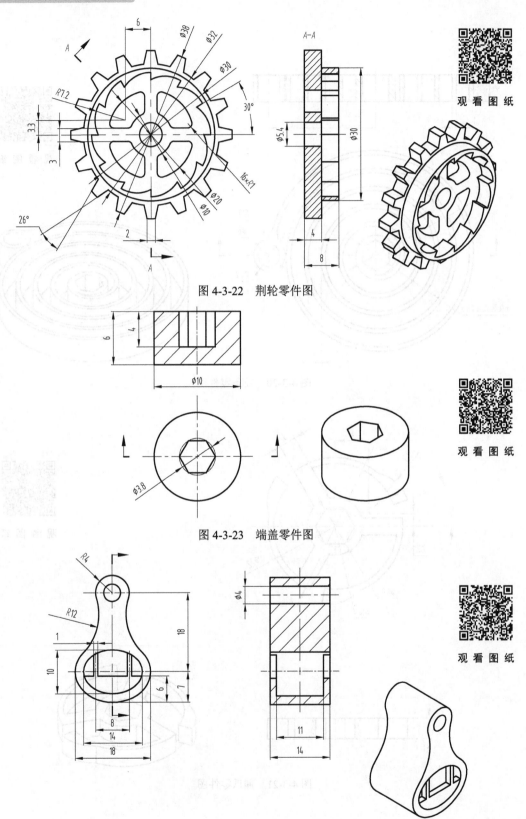

图 4-3-22 荆轮零件图

图 4-3-23 端盖零件图

图 4-3-24 舱体零件图

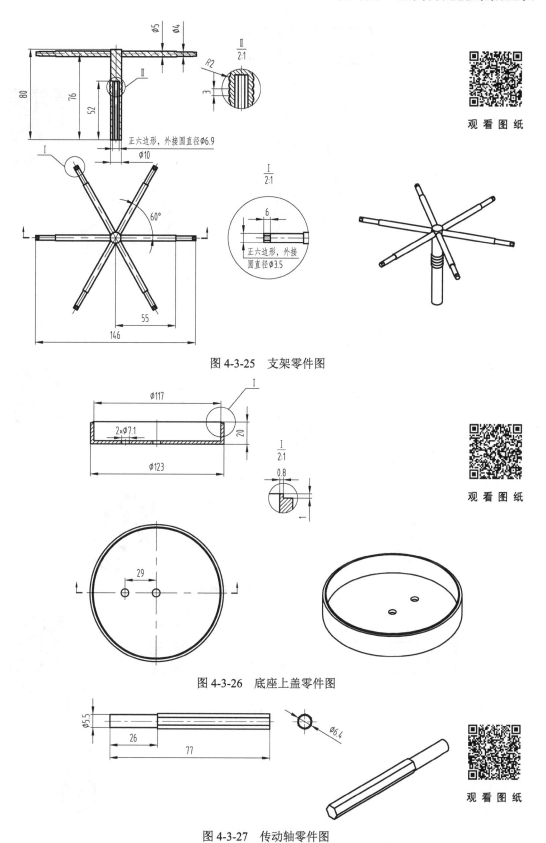

图 4-3-25　支架零件图

图 4-3-26　底座上盖零件图

图 4-3-27　传动轴零件图

观看图纸

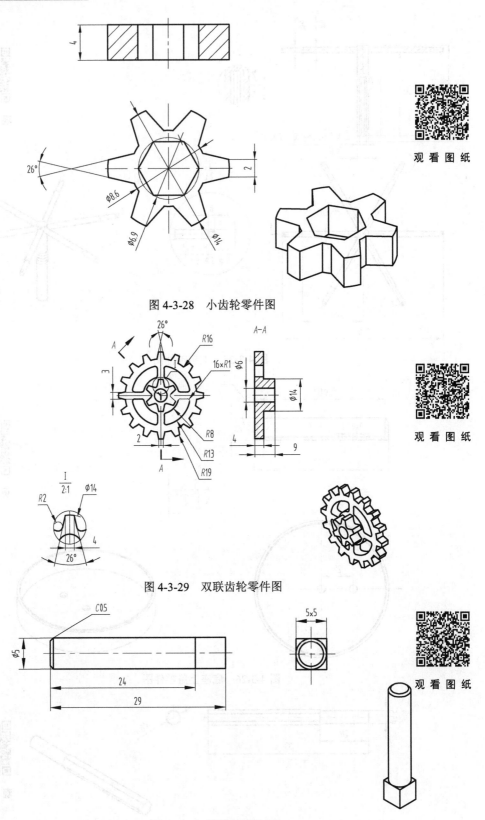

图 4-3-28　小齿轮零件图

观看图纸

图 4-3-29　双联齿轮零件图

观看图纸

图 4-3-30　连接轴零件图

观看图纸

项目评价

通过本项目的学习，我们学习了组合件的建模、打印和组装，请花一点时间进行总结，回顾自己哪些方面得到了提升，哪些方面仍需要加油，在自我评价的基础上，还可以让教师或同学进行评价，这样评价就更客观了。请填写项目评价表，见表4-4-1。

表4-4-1　项目评价表

序号	内容	自我评价			他人评价		
		优秀	学会	需要加油	优秀	学会	需要加油
1	手摇风扇实物的建模、打印和组装						
2	风车实物的建模、打印和组装						
3	发条小车实物的建模、打印和组装						
自我体会（有哪些收获、哪些不足）：							
小组对你的评价（技能操作、学习方面）：							
教师对你的评价（技能操作、学习方面）：							

参考文献

[1] 崔陵，娄海滨. 3D 打印体验教程 [M]. 北京：高等教育出版社，2019.

[2] 曹文聪，罗燕锋，谢洪建. 3D 打印技术 [M]. 上海：上海交通大学出版社，2018.

[3] 王寒里. 3D 打印基础训练教程 [M]. 北京：文化发展出版社，2018.

[4] 陈继民. 3D One 三维实体设计 [M]. 北京：中国科学技术出版社，2016.

[5] 魏良庆. 3D 打印技术项目实践 [M]. 西安：西安电子科技大学出版社，2020.

[6] 孟宪明. 3D 打印技术概论 [M]. 南京：河海大学出版社，2018.

[7] 杨振国，李华雄，王晖. 3D 打印实训指导 [M]. 武汉：华中科技大学出版社，2019.